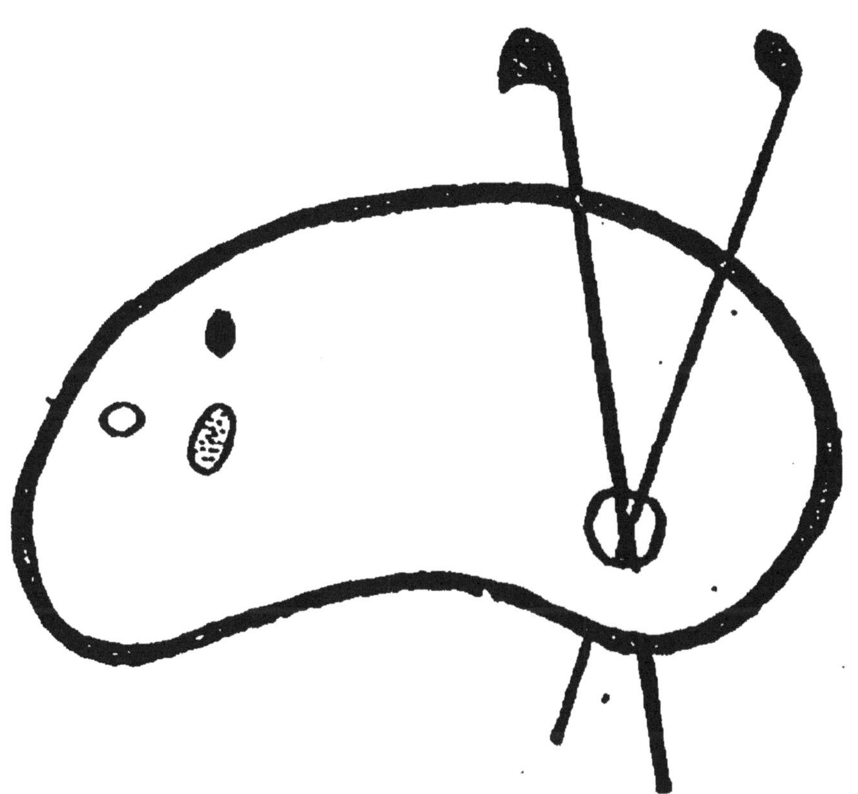

DEBUT D'UNE SERIE DE DOCUMENTS
EN COULEUR

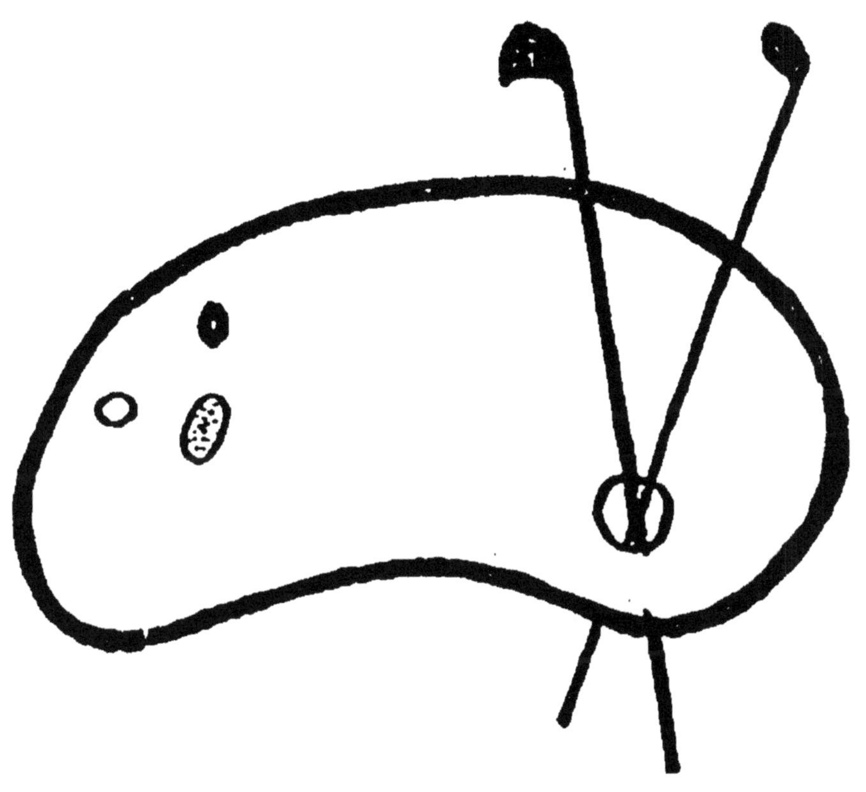

FIN D'UNE SERIE DE DOCUMENTS
EN COULEUR

LE PAYS DES ZOULOUS

3e SÉRIE IN-8o.

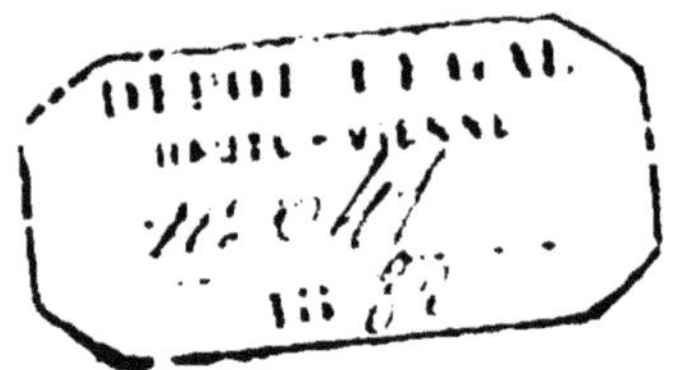

O 3 9 10 A

PROPRIÉTÉ DES ÉDITEURS.

LE PAYS

DES

ZOULOUS

ET

DES CAFRES

PAR B.-H. RÉVOIL.

LIMOGES
EUGÈNE ARDANT ET Cie, ÉDITEURS.

LE PAYS

DES

ZOULOUS ET DES CAFRES

La colonie de Natal, voisine du pays des Zoulous, est un territoire aux limites irrégulières, qui s'étend sur un espace de 12,750 milles carrés au sud-ouest, du côté de l'Afrique australe.

Le nom donné à ce pays a pour origine la date de sa découverte, qui eut lieu le jour de Noël, — *la Nativité*, — en 1497, par les Portugais, conduits par le célèbre Vasco de Gama; ceux-ci, tout en étant les premiers qui eussent paru sur ces plages lointaines, ne firent rien pour y introduire la colonisation.

Ce fut seulement en 1760 que quelques navigateurs hollandais vinrent s'établir sur un point de la côte; mais leur séjour ne fut pas non plus de longue durée.

On n'entendit plus parler de la terre de Natal avant 1823. A cette époque, un officier de la marine anglaise, nommé Farewell, vint, avec quelques compatriotes, s'établir dans un endroit qui fut appelé et s'appelle encore Durban, afin d'y faire du commerce avec les naturels.

Ceux-ci ne s'opposèrent point à leur installation, et d'ailleurs ils venaient d'être fortement houspillés par le terrible Chaka, roi des Zoulous à cette époque, et leur défaite les empêchait d'opposer la moindre résistance.

En 1837, les Boërs hollandais de la colonie du Cap commencèrent à remonter vers le pays des Zoulous, et cette émigration dura jusqu'en 1838. Ce fut à la fin de cette année que le chef de ces Boërs, Pierre Retief, ayant été engagé par Dingaan, roi des Zoulous de ce temps-là, à venir près de lui dans son kraal pour y signer un traité qui garantissait à ses compatriotes une certaine quantité d'acres de terre, fut traîtreusement mis à mort, lui et ses amis. Naturellement la guerre fut déclarée : elle se termina par la victoire des Hollandais, et ceux-ci, maîtres du territoire, lui donnèrent le nom de *République de Natalia.*

Le gouvernement anglais — cela va de soi — ne sanctionna pas cette prise de possession, et, en 1841, sir George Napier, gouverneur du Cap, envoya un corps d'armée pour s'emparer du pays de Natal, qu'il réclamait comme appartenant à la Grande-Bretagne. Cette troupe anglaise se composait seulement de trois cents hommes, nombre insuffisant pour conquérir une nation; aussi ces soldats furent honteusement faits prisonniers et emmenés en partie dans le fort de Pieter-Maritzburg, tandis que leurs camarades étaient assiégés et réduits à mourir de faim dans le campement qu'ils avaient élevé. On cite, à cette époque, un trait d'audace extraordinaire exécuté par un officier anglais, M. King, qui s'enfuit à cheval et courut à bride abattue, pendant six jours et cinq nuits, à travers le pays des Cafres, bravant à chaque instant les dangers les plus terribles, jusqu'au moment où il arriva à Cape-Town pour y apprendre la fatale nouvelle et y demander des secours.

En effet, on se hâta d'envoyer de nouvelles troupes plus nombreuses. Cette fois, les Boërs furent forcés de se soumettre à la domination anglaise. En 1847, le pays de Natal fut incorporé dans la colonie du Cap et en 1856 une ordonnance royale de la reine Victoria fit de ce territoire une colonie indépendante.

A l'heure actuelle, le Natal est gouverné par un lieutenant-gouverneur, — sir Henry Bulwer, — nommé par les Communes et assisté par un « conseil exécutif » composé de quatre officiers et de deux citoyens, et par un « conseil législatif » dont font partie huit délégués du gouvernement et quinze autres nommés par voie d'élection. La franchise n'est accordée qu'à ceux d'entre les naturels qui, pendant sept ans, se sont conformés aux lois et coutumes européennes.

En 1853, le docteur Colenzo fut nommé évêque de Natal; mais bientôt on se demanda si ce chef des missionnaires cherchait à faire des tentatives de conversion au christianisme, ou s'il n'avait pas plutôt adopté les préceptes et les croyances religieuses des Zoulous.

En effet, il avait émis des hérésies qui soulevèrent un schisme dans le sein de l'Église; on lui choisit un successeur qui se nommait le

Rév. W.-K. Macrorie et qui arriva à Maritzburg en 1869.

La colonie de Natal est divisée en neuf comtés, qui contiennent treize villages ou petites villes, dont la principale est Pieter-Maritzburg, — la capitale, — et Durban, — un port de mer, — qui est relié à la première cité par une voie ferrée.

M. Trollope, qui a publié un livre curieux sur l'Afrique australe, porte le chiffre de la population du Natal à 340,000 âmes, dont 20,000 sont de race blanche. La prépondérance énorme des Zoulous sur les Européens rend donc la guerre actuelle très-redoutable; car, quoique l'on assure que ceux qui occupent le territoire de Natal sont doux et propres à la civilisation, on peut craindre que leur instinct sauvage ne soit réveillé par les succès sanguinaires de leurs frères, vainqueurs des Anglais.

La topographie de ce pays africain est réellement bizarre : qu'on se figure une succession de collines et de vallées qui descendent des monts Drackenberg jusqu'à la mer. C'est pour cela que ce territoire est divisé en zones, qui ont chacune un climat différent et une végétation particulière. La partie du milieu est couverte de pâturages, tandis que celle qui avoisine les plages de la mer produit du sucre, du café et autres denrées coloniales des tropiques.

Les pluies sont abondantes, pendant l'été particulièrement; elles tombent avec accompagnement d'éclats de tonnerre, et sont illuminées par des éclairs sans nombre. Les rivières deviennent alors des torrents impétueux, coupés, à différents intervalles, par des chutes qui rendent ces courants d'eau impossibles pour la navigation. Le seul havre offrant un asile aux embarcations est celui de Durban, dont l'entrée peu profonde est très-étroite, mais dont le fond est sûr et entouré de rochers élevés.

Parmi les richesses minérales du pays, on compte le charbon et le fer en abondance, et ensuite le cuivre et l'or dont les couches sont plus rares. Non loin de l'embouchure de la rivière Umsimkulu, vers la frontière sud, on a découvert une carrière de marbre blanc, qui couvre un terrain de 30 milles carrés, et dont la profondeur est, dit-on, de 1,200 pieds.

Le pays des Zoulous proprement dit, situé au nord-est du Natal, est borné au nord-ouest par le Transwaal, à l'est par l'océan Indien, et au nord par une tribu d'Africains indépendants, les

Nmaswari. Les Zoulous sont divisés en tribus qui sont soumises au roi Cetewoyo, lequel règne sur un territoire de 15,000 milles carrés.

Les parages, qui sont sur les côtes de la mer, sont couverts de lagunes, de marécages et de fourrés d'arbres buissonneux d'une petite élévation. L'atmosphère est toujours chaude, malsaine, ce qui rend le territoire inhabitable. Mais au-delà de 15 milles loin de la mer, le sol s'élève graduellement en terrasses où les pâturages abondent et en forêts qui couvrent de hautes montagnes, dont certaines atteignent 3,000 pieds au-dessus du niveau de l'Océan. Plusieurs courants d'eau circulent à travers ces collines et ces vallées; on les appelle le Tugela, le Buffalo, l'Insegeni, le Black (noir) Umvalosi, le White (blanc) Umvalosi, et la rivière de Sang (blood). Ni les uns ni les autres ne sont navigables, et si pendant l'été — la saison pluviale — leur traversée est impraticable, par contre, quand vient l'hiver, on peut les franchir comme on le ferait d'un fossé.

Les Zoulous, qui comptent 300,000 âmes sur leur territoire, sont — d'après les anthropologistes — une race différente de celle des Cafres, quoique le pays qui se nomme la Cafrerie et qui commence à Great-Fish-River, pour aboutir à la baie Delogoa, continue à la fois de Natal et la contrée des Zoulous. Et pourtant les mœurs et le caractère de ces peuplades sont à peu près semblables. Ces Africains montrent une grande bravoure mêlée à des sentiments de trahison innés chez eux. La ruse et la superstition, c'est-à-dire l'habileté et la bêtise, leur sont familières. Comme ils ignorent à peu près ce que c'est que la religion, ils cherchent plutôt à se rendre favorable l'esprit du mal qu'à rendre hommage à celui du bien. Ils croient tous à la sorcellerie.

La polygamie est générale chez les Zoulous, et quoique les travaux des champs et ceux de l'intérieur du kraal soient dévolus exclusivement aux femmes, la position de celles-ci n'est pas aussi dégradée que chez les Hottentots et quelques autres tribus sauvages du continent africain. Les Zoulous achètent bien les jeunes filles pour en faire leurs femmes, mais ils ne vendent jamais celles-ci. Le divorce n'est pas une loi, mais cependant un Zoulou peut répudier son épouse avec ou sans motifs, et, en certains cas, il réclame le bétail qu'il a donné aux parents en échange de leur enfant. Bien souvent une femme quitte son mari, parce que celui-ci la maltraite ou se montre jaloux outre mesure. Dans tous les cas, les enfants restent sous la tutelle du père.

L'usage veut que le Zoulou choisisse parmi ses femmes une d'elles, qui est *la grande*, la première. C'est le fils aîné de cette femme-là qui, à la mort du père, hérite de tous ses biens. Quelquefois le Zoulou prend parmi ses favorites *une épouse de la main droite*, et alors le fils le plus âgé de cette femme prend sa part de la succession. Aucun des autres enfants n'a le droit de prétendre aux biens de son père, mais celui-ci peut leur donner un douaire, si bon lui semble. Libre à un Zoulou de frapper ses femmes; mais, s'il les tue, il est puni de ce crime par une amende. La même punition est infligée aux parents pour la mauvaise conduite de leurs enfants, dont ils sont responsables tant qu'ils habitent dans le giron de la famille. Le meurtre, le vol sont également susceptibles d'amende; ce qui n'empêche pas que les chefs zoulous peuvent s'emparer légalement de tout ce qui appartient à ceux qui sont sous leurs ordres : malheur à ceux qui se plaignent des libertés prises par leurs chefs! Le territoire étant pays libre, tout le monde peut le parcourir sans être autrement molesté

Les aborigènes pratiquent diverses cérémonies religieuses qui paraissent ignobles et cruelles aux yeux des Européens. En cas de maladie, le médecin est appelé près du patient; mais si le docteur déclare que le cas est inguérissable, on porte le moribond dans un trou où on le laisse expirer sans plus se soucier de lui.

La famille du mort est considérée comme souillée, et il ne lui est pas permis de se mêler aux autres Zoulous avant qu'un certain laps de temps ne se soit écoulé. Les chefs seuls sont ensevelis avec pompe : les autres indigènes étaient autrefois abandonnés aux animaux carnassiers pour être dévorés; mais, depuis quelque temps, tous sont enfouis dans la terre.

Dès qu'un chef trépasse, ses égaux en rang se rasent la tête et s'abstiennent de l'usage du lait pendant quelques semaines. On enterre avec le mort ses armes et les ornements dont il se parait. On amène ensuite sur sa tombe — laquelle est gardée pendant une année — du bétail qui devient sacré et ne doit pas être tué. La fosse elle-même passe pour être un sanctuaire qui peut, au besoin, servir d'asile inviolable à un homme ayant commis un crime.

Les notions qui sont connues sur le pays des

Zoulous datent à peine d'un demi-siècle, c'est-à-dire de l'époque où le célèbre Chacha régnait sur ces peuplades. Ni lui ni son frère Dingaan — qui lui succéda — ne laissèrent d'enfants : on raconte même qu'ils tuaient leurs enfants à mesure qu'ils venaient au monde, de crainte qu'une fois devenus grands, ceux-ci ne cherchassent à chasser leurs pères du rang suprême pour s'asseoir à leur tour sur le trône des Zoulous.

Ces souverains étaient de vrais tyrans militaires, qui entraînaient aux combats la population adulte contre les riverains exposés sans cesse à leurs déprédations.

Toutefois leur pouvoir se trouvait amoindri par les envahissements de la colonisation hollandaise, et, pendant ces dernières années, quoique leurs querelles intestines fussent assez fréquentes, ils ne vivaient pas moins dans de très-bons termes avec les peuplades de Natal. Un grand nombre d'entre eux avaient franchi le Tugela, s'étaient établis colons et paraissaient comprendre et apprécier les bienfaits de la civilisation.

Lorsque la guerre entre les Hollandais et les Zoulous fut terminée, à la mort du roi Dingaan, son frère Panda, allié des Boërs, monta sur le trône, et, tant qu'il vécut, il resta fidèle à ses sentiments d'affection pour les colons européens. Toutefois la dissension régnait dans le pays des Zoulous. Cetewoyo, le fils aîné du roi, le plus courageux et le plus capable de tous les gens de sa race, s'attendait naturellement à devenir l'héritier à la mort du souverain.

C'est à cause de cela que Panda manifestait à son endroit une jalousie sans égale : la crainte qu'éprouvait Cetewoyo de voir un de ses frères prendre sa place, amena des querelles fréquentes dans la famille. Plusieurs d'entre eux, réunissant un noyau d'adhérents à leur fortune, s'enfuirent au-delà des frontières du pays de Natal, avec l'intention de se placer sous la protection britannique. Mais dès que Cetewoyo apprit ce qui s'était passé il se précipita sur leurs traces : dans un combat terrible, les rebelles furent massacrés, et dès lors rien ne sembla devoir entraver l'exercice de la succession.

Le roi Panda avait encore deux autres enfants qu'il plaça lui-même sous la tutelle protectrice des autorités de Natal. La conclusion de toute cette guerre civile fut celle-ci : dans un conseil tenu par les chefs des Zoulous, on décida que, tout en étant un très-habile souverain, Panda

« dit le Gros » n'en avait pas moins besoin d'un aide ayant des mains et des bras plus agiles : or, Panda resterait roi, mais Cetewoyo deviendrait son premier ministre.

Ceci se passa en 1850, avec l'assentiment du gouverneur de Natal. Cetewoyo fut ainsi nommé l'héritier inébranlable de son père. Cependant le séjour de ses deux frères sur le territoire de Natal inquiétait cet ambitieux : il connaissait la faveur dont jouissait Panda auprès de ses voisins du Natal, et, quoique les gouvernants du pays voisin lui affirmassent qu'ils n'agissaient ainsi avec les réfugiés politiques que pour bien prouver que la loi était pour tous, Cetewoyo ne cessa point de les importuner, afin qu'ils remissent ses frères entre ses mains.

A la mort de Panda, en 1872, Cetewoyo envoya un humble message à sir Théophilus Shepstone, le priant de le reconnaître en qualité de souverain. La réponse fut favorable, et au mois d'août de la même année, Cetewoyo était consacré roi des Zoulous par le gouvernement anglais en personne. En cette occasion, le souverain nouvellement élu s'engagea, auprès des représentants de la Grande-Bretagne, à se comporter avec plus d'humanité que ne l'avaient fait ses prédécesseurs et surtout à respecter la paix.

Sir Shepstone n'eut d'abord qu'à se louer de la conduite du nouveau roi : il était convaincu que Cetewoyo avait réellement l'intention de tenir ses promesses.

Mais bientôt tout changea de face. Sir Bartle Frere déclara plus tard, dans un mémorandum adressé à l'Angleterre, que le roi des Zoulous avait aggravé les cruautés que l'on reprochait à son père Panda, qu'il opprimait son peuple en maintenant sur pied une organisation militaire formidable, menace constante d'hostilités contre les peuples riverains. Ce roi sauvage avait en outre réclamé la réintégration dans ses domaines du territoire occupé par les Zoulous sous les gouvernements qui avaient précédé le sien. Le gouverneur anglais ajoutait que Cetewoyo l'avait obsédé de requêtes plus ou moins hors de propos pour être laissé libre de déclarer la guerre à des voisins, dans le seul but d'initier les jeunes soldats dans les secrets de la bataille et du carnage, et, comme il le disait dans son langage expressif, pour nettoyer les fers de leurs lances.

Le lieutenant-gouverneur du Natal, ayant

adressé au roi des Zoulous des réprimandes relativement à un massacre de jeunes femmes qui avaient refusé d'obéir aux ordres de Cetewoyo, lequel exigeait qu'elles devinssent les compagnes de ses soldats, le roi, plein d'arrogance, riposta d'une façon provocatrice aux lettres du chef anglais. Mieux encore, il déclara qu'il ne reconnaissait point à ce dernier le droit de lui dicter des conditions, et il ajouta qu'il n'obéirait plus au bon vouloir de ses alliés et qu'il agirait désormais à sa guise, et répandrait le sang si bon lui semblait, sans se soucier si cela plaisait ou ne plaisait pas à l'Angleterre.

Ces déclarations faites en 1876, furent suivies de nombreuses intimidations à l'endroit des missionnaires européens de l'Allemagne, de la Norwège et de l'Angleterre qui s'étaient établis depuis longtemps dans le pays avec la permission du père de Cetewoyo. Trois catéchumènes, nouvellement convertis au christianisme, furent massacrés par les ordres du roi, car il ne fit rien pour empêcher leur supplice. Quelques autres furent menacés et obligés de fuir pour se soustraire à la poursuite organisée contre eux. En somme, tous les missionnaires se virent forcés d'abandonner le pays des Zoulous pour éviter une mort certaine.

Pendant que ceci se passait, le gouverneur de Natal cherchait à régler les difficultés soulevées entre les Zoulous et les habitants du Transwaal au sujet des limites de leurs territoires : Cetewoyo avait consenti à accepter cet arbitrage. Une commission fut formée, et, après avoir examiné la question, ceux qui en faisaient partie donnèrent raison aux Zoulous relativement à leur réclamation d'une partie du territoire contesté; mais ils conclurent contre eux au sujet des limites du côté nord du Pongo et du côté ouest de la rivière du Sang.

Le chef de la commission se hâta de faire connaître cette décision à Cetewoyo, qui n'en continua pas moins à laisser commettre des déprédations au-delà des frontières rectifiées. Il fallut l'intervention des troupes anglaises à Lumberg pour mettre fin à cet état de choses.

Au mois de juillet dernier 1878, au moment où la commission attendait la sanction définitive du chef suprême, deux attaques furent faites sur le territoire anglais par les fils et le frère de Sirayo, un chef influent des Zoulous. Ils avaient franchi les frontières à la tête d'une troupe armée, et avaient emmené captives deux femmes qui s'étaient enfuies du sol zoulou, afin d'éviter la colère de leur époux Sirayo. Ces malheureuses furent, dit-on, massacrées.

Sir H. Bulwer, lieutenant-gouverneur du Natal, envoya un de ses officiers à Cetewoyo pour se plaindre de cette infraction aux conventions acceptées : il exigeait que le roi des Zoulous livrât les coupables, afin qu'on les jugeât d'après les lois anglaises.

Cetewoyo répondit que ceux qui avaient envahi le territoire n'étaient que des enfants trop soucieux de l'honneur paternel, et qui n'avaient pas compris qu'ils agissaient mal : il offrit cinquante livres sterling comme amende de la violation des traités.

C'est en vain que sir H. Bulwer chercha à faire comprendre au souverain zoulou que cette offre d'argent ne lui suffisait pas ; il s'aperçut à la fin de la présence menaçante des soldats zoulous sur la frontière du pays, où ils surveillaient les chemins et menaçaient de mettre à mort tous les habitants du Natal qui poseraient le pied hors de leur territoire et entreraient sur celui des Zoulous.

Le général Thesiger — actuellement lord

Chelmsford — ayant mandé au lieutenant-gouverneur que les troupes dont il disposait n'étaient pas en nombre suffisant pour repousser l'ennemi en cas d'attaque, sir Bartle Frere fit demander des renforts en Angleterre. Le gouvernement anglais refusa d'abord de céder à cet appel et sir Hicks-Beach répondit que l'on devait tolérer certaines choses, et ne pas ouvrir les yeux sur des faits qui n'offraient rien de compromettant.

Toutefois, lorsqu'au mois de novembre dernier le lieutenant-gouverneur de Natal renouvela sa demande d'envoi de troupes, le ministre se décida à faire partir deux régiments, et il écrivit au gouverneur du Natal que son but était simplement de protéger les vies et les biens des colons, mais qu'il ne voulait pas que l'on attaquât le pays des Zoulous.

Cetewoyo n'avait pas cessé de se montrer hostile, et sir Bartle Frere se vit contraint de poser un ultimatum aux délégués zoulous, à qui il réclama l'extradition du fils de Sirayo, sous menace d'une amende par chaque jour de retard : il exigeait également que Cetewoyo introduisît certaines réformes dans son administration, qu'il tînt les promesses faites par lui lors de son intronisation, et qu'enfin il réduisît son armée.

Douze jours après avoir reçu cette sommation, le roi des Zoulous envoya dire ceci à M. John Dunn : « Je vais livrer bataille, et je suis disposé à avaler d'une seule bouchée tous les soldats anglais. Je crois même qu'après ce premier repas mon appétit ne sera point encore satisfait. »

M. John Dunn, d'origine écossaise, est né à Port-Élisabeth, et, ayant longtemps résidé dans le territoire zoulou, il est lui-même une sorte de chef du pays. Il déclara que sa tribu et lui resteraient neutres : en conséquence, il se dirigea au delà des frontières, sur le sol du Natal, et alla faire visite au général lord Chelmsford pour lui exposer la situation. Celui-ci répliqua à M. John Dunn qu'il savait ce qui lui restait à faire, et que son intention formelle était de traiter en ennemis tous ceux qu'il rencontrerait sur le pays des Zoulous. Le chef comprit la situation, et il demanda la permission qui lui fût accordée de se retirer sur le territoire anglais jusqu'à la fin de la guerre qui allait commencer. Dans les derniers jours de décembre dernier, Dunn et sa tribu, évaluée à 2,500 personnes y compris les femmes et les enfants, et à 1,000 têtes de bétail, traversèrent la rivière de Tugela. Leurs armes furent confiées aux Anglais, comme c'était convenu.

L'armée de lord Chelmsford se composait d'environ 19,000 hommes de troupes anglaises régulières et volontaires et de 8,000 indigènes.

Par contre les soldats zoulous se montaient à environ 40 ou 50,000 hommes, ce qui veut dire que tous ceux qui pouvaient porter des armes étaient présents. Dans ce pays, tous les jeunes gens de quinze ans sont incorporés dans l'armée, et, après un temps de service d'une année, ils sont casernés dans un des kraals militaires, qui sont au nombre de douze sur toute l'étendue du territoire. L'armée zouloue compte trente-trois régiments tous costumés d'une façon distincte. Dix-huit de ces régiments sont composés d'hommes mariés et quinze de célibataires. Les premiers ont la tête rasée et portent comme ornement un bandeau formé d'une lanière de cuir. Les boucliers à l'aide desquels ils protègent leurs corps sont blancs. Les seconds gardent leur chevelure et portent des boucliers noirs. L'organisation de ces soldats est uniforme : ils sont divisés en aile droite et aile gauche, commandées par des officiers spéciaux, et ces ailes sont subdivisées en huit ou dix compagnies, ayant chacune à leur tête un capitaine et trois adjudants. L'exercice est inconnu parmi ces soldats, mais ils exécutent quelques mouvements simples avec la plus grande régularité. La discipline est des plus sévères. Aux heures du service, tout homme qui sort des rangs est puni de mort. Du reste, ce châtiment suprême est infligé pour la plus petite infraction. Les officiers ont chacun des fonctions distinctes, et leurs soldats obéissent à leurs ordres sans la moindre hésitation. Les provisions, qui consistent en maïs et en millet, sont transportées par les femmes : ce sont elles également qui sont chargées des tapis, des munitions, des couvertures ; elles conduisent le bétail et remplissent maintes fois les fonctions d'espion. La manière de combattre des Zoulous est assez bizarre. Ils cherchent à envelopper leurs ennemis, et ne cessent pas de les cribler de coups de fusil. Lorsqu'ils sont parvenus à 200 ou 300 mètres de ceux qu'ils attaquent, ils poussent des cris épouvantables, se jettent en avant et lancent leurs épieux, — ou *assagaïs*, — puis mettent le sabre au poing et courent sur leurs assaillants.

Il y a peu de temps, les Zoulous étaient encore armés à la mode cafre, c'est-à-dire avec des fusils de divers genres, carabines de Birmingham et autres du même calibre; mais tout dernièrement le roi, dont la volonté est celle d'un despote, exigea que tous ses soldats se procurassent des armes se chargeant par la culasse. Dans l'espace de quelques mois, des milliers de fusils à système furent débarqués à la baie de Delogoa et devinrent la propriété des Zoulous. Les autorités portugaises cherchèrent inutilement à s'opposer à ce trafic; mais que pouvaient cinquante hommes contre toute une nation? Ils suffisaient à peine pour défendre la ville. Du reste, ce n'étaient point les Portugais qui avaient apporté les armes à Delogoa, mais bien des négociants anglais qui, sans vergogne, oubliaient l'intérêt de leur patrie pour gagner de l'argent. On désigne même comme intermédiaire de ce commerce d'armes un sieur Diario, connu seulement sous le nom de Joseppo, Portugais de la Mozambique qui, comme compensation de ses services, avait reçu de Cetewoyo le privilége de faire le commerce de « chair humaine » sur les frontières. Cet individu joue, du reste, un rôle très-actif dans la guerre actuelle des Zoulous.

LES MŒURS.

Les dépôts militaires des Zoulous, qui sont appelés des kraals, se composent d'enceintes plus ou moins grandes, suivant l'importance des districts où ils sont construits; c'est là que résident les soldats réguliers et que s'assemblent ceux que l'on mobilise en temps de guerre.

Le kraal zoulou couvre habituellement un espace de 500 à 800 mètres de circonférence. Tout autour règne une haie faite d'arbustes entrelacés, comme qui dirait un travail de vannier, dont la hauteur est de cinq à six pieds, très-difficile à briser et encore plus à franchir, car cette haie est formée de fortes épines et d'arbustes hérissés de pointes.

De l'autre côté de la première haie sont disposées, à la suite les unes des autres, les huttes des Zoulous, de forme sphérique, couvertes de roseaux et de larges feuilles, sur lesquelles l'eau coule comme elle le ferait sur le meilleur toit d'ardoise, de telle façon que, pendant la saison des pluies, ceux qui sont étendus sous ces abris primitifs évitent de se mouiller, et sont aussi bien à l'abri que nos paysans ou nos gardesforêts, voire même les charbonniers des bois, dans leurs cahutes temporaires.

Entre ces habitations des Zoulous et le centre du kraal, s'élève une seconde haie, moins fortifiée que la première, dont le seul but est de servir d'enclos au bétail que l'on parque dans cet endroit, afin qu'il soit à la fois préservé des attaques de l'ennemi qui viendrait pour s'en emparer et de celles des animaux carnassiers.

Les armes et les munitions sont encloses dans des constructions élevées, à l'abri de l'humidité, à douze ou quinze pieds au-dessus du sol.

Le kraal du roi Cetewoyo, placé entre les rivières Unvalozi *blanc* et Unvalozi *noir* (au-dessus de leur confluent) est le plus grand de tout le territoire zoulou.

Le site se nomme Ulindo ou Undini, et là sont casernés six régiments d'un effectif de 7,000 hommes, tous armés et équipés pour ainsi dire à l'européenne, sauf le costume, qui n'a rien de civilisé, mais qui est tout à fait en rapport avec les besoins du climat.

Chaque homme porte une coiffure à sa convenance, soit une casquette de peau de bête, soit un bandeau de cuir ou d'étoffe, soit un collier de verroterie, le tout orné de plumes ou de toquets de poil et d'herbes sèches. Autour de leur cou musculeux, les Zoulous placent un collier de petits cailloux percés ou de dents d'animaux. Sur les épaules, autour de la ceinture et au-dessus des mollets, des plaques de fourrures dont les poils couvrent la poitrine, le ventre et la croupe et le haut de la jambe. Un ceinturon, auquel sont appendues les cartouchières, est bouclé autour des hanches. Le bras gauche supporte un énorme bouclier de cuir de bœuf très-épais et tendu sur des cerceaux en forme ovale. Ce bouclier, qui rappelle pour la forme la targe des anciens soldats de croisades, est très-lourd, car il sert à porter les javelots et les assagais, — zagaies, — dont la plus solide est passée au milieu, à l'intérieur. Vient ensuite le fusil, qui, depuis trois ans — par ordre de Cetewoyo, comme nous l'avons dit — est celui des nouvelles inventions. Les uns sont des chassepots, les autres des snyders.

Une grande partie des armes prises, par les Allemands pendant la guerre de 1870-1871, a été achetée par des négociants anglais et expédiée sur les côtes d'Afrique, où les Zoulous s'en sont emparés au prix de 60 et même 70 francs pièce. Il paraît que le bénéfice opéré par cette transaction commerciale a été énorme et a rapporté des sommes importantes aux spéculateurs.

Je reviens au kraal de Cetewoyo. Ce poste militaire contient, outre les troupes dont j'ai parlé, la demeure du souverain et son harem, cabane plus grande que les autres, mais meublée avec une grande simplicité.

Il y avait plus loin, à quelques milles au-dessus du kraal de Cetewoyo, celui de son frère Sirayo, placé à Rorke's Drift. Il a été brûlé après la déclaration des hostilités, et le fils de Sirayo fut tué pendant cet engagement.

La plupart des autres kraals se trouvent dans le voisinage d'Ulinda, de telle façon que le roi peut, quand bon lui semble, aller faire l'inspection de ses troupes sans pour cela se rendre trop loin de chez lui.

La plupart des armes de guerre et de défense des Zoulous sont façonnées par eux-mêmes, et leur moyen de fabrication sont réellement primitifs. Le forgeron place son enclume à portée du ruisseau qui court dans son lit de cailloux, de manière à pouvoir y tremper son fer au moment nécessaire. Les outils dont il se sert sont une tenaille et un marteau; une pierre plate très-dure sert d'enclume. Un autre forgeron assiste le premier, et, prenant à deux mains une pierre énorme qu'il soulève avec peine, il la brandit et la laisse retomber sur le fer rouge, de façon à l'aplatir. La forge est préparée à côté de soufflets très-primitifs, et l'air vient aviver des morceaux de charbon qui s'allument promptement.

Les Zoulous sont généralement gais, hospitaliers, expansifs, voire même très-loquaces. Le soir, autour du feu sur lequel a cuit leur souper, préparé par les femmes, ils devisent volontiers des incidents de leur journée, — bataille ou partie de chasse. — Ils gesticulent outre mesure en parlant, et leur pantomime est si expressive qu'il est très-facile de comprendre ce qu'ils racontent, sans qu'on sache, pour cela, un seul mot de leur langue. Sobres et supportant au besoin un long jeûne, ils mangent avec gloutonnerie dès qu'ils en trouvent l'occasion, et font durer leur repas aussi longtemps que possible.

Le costume des Zoulous, hommes et femmes, est excessivement primitif. J'ai déjà décrit celui de la partie masculine; celui du sexe faible demande moins encore de préparatifs. Un simple fil de perle, retombant comme les franges d'une passementerie, leur couvre les hanches. Un collier de verroterie descend entre les deux seins, et des bracelets d'étoffes, d'herbes entourent leurs bras. Leurs cheveux, crépus, sont, en outre, hérissés d'épines et de pointes de porc-épic.

Les Zoulous sont des marcheurs infatigables : lourdement chargés de leurs armes ou même de fardeaux d'autre sorte, ces Africains accomplissent des traites d'une longueur énorme sans paraître le moins du monde fatigués quand ils arrivent au but.

Lors des époques de guerre, les Zoulous ne se servent pas d'autres armes que de leurs zagaies, sorte de javelot toujours parfaitement fourbis, au jet duquel ils s'exercent à chaque instant du jour, dès leur plus tendre enfance.

Leur adresse est renommée, et quand ils sont à la chasse, la projection d'une de leur lance arrive toujours au but.

Les voyageurs ont appelé, avec raison, les Zoulous les « Spartiates » de l'Afrique australe, et cette population semble réservée à un grand avenir dans les événements qui amèneront la civilisation de cette partie du territoire et la conquête des peuples du centre de l'Afrique.

Le Zoulou qui veut prendre femme s'adresse

d'abord au roi, qu'il prie de déterminer son choix, car toutes les jeunes filles sont censées appartenir à Cetewoyo, en tout honneur, bien entendu.

Le souverain s'est réservé la distribution de ses sujettes à ses soldats, et il tient compte du rang et des qualités personnelles de chacun, donnant aux plus braves les plus belles créatures du lot.

La polygamie est permise dans le pays des Zoulous où les chefs comptent six, sept, huit femmes dans leur harem.

J'ajouterai que le beau sexe zoulou est considéré comme le plus remarquable de tous ceux de l'Afrique.

Quand un Zoulou se marie pour la première fois, on lui rase la tête et on enduit son crâne dénudé d'une sorte de gomme ressemblant à de la colle forte. Cette espèce de vernis est entretenu chaque jour par des coiffeurs patentés qui ont énormément de travail dans chaque kraal. Une mode bizarre des Zoulous est celle qui consiste à laisser croître de trois centimètres et plus l'ongle du petit doigt de chaque main.

Toutes les habitations des chefs zoulous sont tenues avec une extrême propreté, et diffèrent singulièrement, sous ce rapport, de celles des Cafres et des Hottentots. J'ai dit qu'elles étaient en forme ovoïde; mais j'ai oublié de parler de l'entrée, qui est extrêmement basse, si bien que l'on ne peut y pénétrer qu'en rampant à plat ventre.

Le mobilier se compose, — outre les armes soigneusement appéndues aux parois de la cabane — de calebasses pour contenir l'eau, de nattes très-finement travaillées qui couvrent le sol en terre battu. Il y a aussi une sorte d'oreiller en bois noir poli, qui a la forme d'un petit billot, dans le genre du même objet en porcelaine, destiné en Chine à servir d'appui à la tête des fils du ciel. On est fort à l'aise dans ces huttes zoulouces, où l'air circule et où la fraîcheur est relative pendant les cruelles élévations de la température dans ce pays austral.

Dès qu'un visiteur pénètre dans la demeure d'un chef zoulou, celui-ci se hâte de lui offrir une pipe de tabac et de la bière *caffir*, fabriquée avec une espèce de millet que les indigènes appellent de ce nom. Cette boisson acidulée est très-capiteuse. Les Zoulous la renferment dans des calebasses qui circulent de main en main, et sont portées à tour de rôle aux lèvres des assistants.

Les femmes des Zoulous se chargent des travaux de l'agriculture; elles cultivent des patates, du maïs, le millet *caffir*, des citrouilles et du tabac très-fort dont leurs maris ou parents font une grande consommation.

Les hommes considèrent comme au-dessous de leur dignité le travail du sol : leur seule occupation est celle d'élever leurs cabanes et de fourbir leurs armes. Cet état de choses est très-fâcheux, car la terre est fort productive, et, si elle était cultivée à l'Européenne, son rapport serait incalculable. On peut se rendre compte de la vérité de cette assertion quand on visite les jardins de John Dunn — dont nous avons déjà parlé — et ceux des missionnaires établis dans le pays. On y trouve des orangers, des citronniers, des amandiers, des bananiers, des ananas et tous les légumes de l'Europe.

Les Zoulous ont la prétention d'être les plus redoutables guerriers de l'Afrique australe. Depuis qu'ils connaissent le maniement et la portée des armes à feu, leur organisation militaire s'est admirablement perfectionnée. Nous avons parlé du nombre de ces soldats; ce sont tous des hommes superbes, d'une force sans égale, indomptables, infatigables et aguerris aux exercices du corps les plus écrasants.

La religion des Zoulous — en admettant que l'on puisse appeler ainsi toutes les extravagances possibles — n'est pas facile à expliquer. Rien, chez ces peuples, ne ressemble à un culte public. Les sujets de Cetewoyo et le souverain lui-même croient aux sorciers, aux mauvais esprits, et ils cherchent à conjurer le sort par des talismans plus bizarres les uns que les autres.

Les Zoulous croient que l'âme survit au corps qui meurt et qu'elle poursuit indéfiniment son existence dans les profondeurs de la terre. C'est pour cela que la mort ne leur inspire aucun effroi.

Les Zoulous sont très-passionnés pour la musique. Ils ont, naturellement, une musique militaire composée de tambours, de fifres, de sortes de flûtes et de trompettes, façonnées dans des écorces de bouleau, qui produisent des sons pareils à ceux des trompes en terre dont se servent les enfants de Paris aux jours du carnaval. Quant à l'harmonie et à l'ensemble, c'est pour eux lettre close. Leur musique est une épouvantable cacophonie, dont les Chinois eux-mêmes seraient jaloux. Toutefois, ils sont très-amateurs de toutes les symphonies militaires des Anglais, mais il leur est impossible de les imiter.

Les animaux les plus répandus dans le pays des Zoulous sont l'antilope de petite espèce (le *trogulus repestris*) et l'antilope de grande race (*red bock*). Les lions et les panthères abondent dans le Nord, du côté de Blood River, et sont la terreur des propriétaires de bestiaux. Les Zoulous les capturent au moyen de fosses profondes qu'ils recouvrent de fascines légères, et dans lesquelles ces carnassiers tombent quand ils veulent chercher à s'emparer d'une proie placée au milieu du piége. Une fois l'animal pris, il est tué, sans danger à courir, par les chasseurs zoulous.

Les éléphants et les buffles, jadis très-nombreux dans le terroir zoulou, ont disparu maintenant; les hyènes seules sont restées : on les trouve toujours sur le champ de bataille après le combat.

LA SORCELLERIE, LES SUPERSTITIONS.

Comme chez tous les peuples sauvages, et ceux chez lesquels la civilisation n'a point encore introduit ses bienfaits, la sorcellerie et les superstitions jouent un grand rôle parmi les Cafres, à quelque tribu qu'ils appartiennent. Sans affirmer précisément que les noirs de la côte est de l'Afrique australe n'ont aucune religion, on peut certifier qu'il y a chez eux une tradition relative à un dieu créateur, qu'ils qualifient dans leur langue de *Grand-Grand.* A part cela, ils ne connaissent point les prières et ne pensent pas être responsables de leurs actes devant cet être suprême. Un fait bon à signaler, c'est que le Zoulou, ou le Cafre, est convaincu de l'immortalité de l'âme et de son exaltation après la mort.

Si la religion proprement dite est inconnue aux peuplades de la Cafrerie, par contre la sorcellerie et les superstitions sont là en plein pays de vitalité. C'est ainsi qu'à la mort d'un parent la famille s'impose un sacrifice de bétail, plus ou moins important, suivant la position sociale du défunt. Mieux encore, pendant la maladie, afin de conjurer les mauvais esprits, les parents offrent, à ces funestes instigateurs du mal, des holocaustes dont la valeur varie d'après la fortune qu'ils possèdent.

La race cafre est convaincue que l'âme d'un

mort s'incorpore dans une autre forme animée, voire même celle d'un homme, mais ce qu'ils croient plus particulièrement, c'est que les serpents ou les lézards sont des reptiles choisis pour contenir l'âme de l'un des leurs. Aussi voit-on peu de Zoulous ou de Cafres mettre à mort un de ces animaux.

Les sacrifices de bestiaux sont également pratiqués au début d'une guerre, afin de se rendre les esprits favorables. Au milieu du combat, un nègre africain fait souvent le vœu d'offrir une victime à l'esprit du mal, s'il veut lui permettre de remporter la victoire sur l'ennemi qui le menace. La bête à immoler est en rapport avec le danger que l'on court; et le Cafre aussi bien que le Zoulou est fidèle à son vœu, car il se croirait maudit s'il ne tenait pas sa parole. Nous mentionnerons en passant que la plus belle tête du troupeau d'un aborigène africain est toujours réservée pour les grandes occasions.

Le sacrifice le plus considérable est celui qui est fait à l'époque du 1er janvier de chaque année, quand les grappes de maïs sont mûres à point pour être mangées vertes, ou cuites à l'eau. On célèbre alors la fête des « premiers fruits, » qui dure pendant plusieurs jours et à laquelle sont conviés les adolescents qui entrent dans la vie. Les prophètes, ou plutôt les sorciers de chaque tribu, sont également présents. L'animal sacrifié le premier est un taureau : il s'agit pour les hommes qui doivent le mettre à mort de saisir l'animal comme ils le peuvent pour le renverser et le frapper.

Dès que la bête a été mise à mort, le chef des sorciers lui ouvre le ventre et lui arrache le fiel, dont il mêle le contenu à des remèdes de son invention pour les offrir au roi. Celui-ci en prend sa part sans dégoût, car il faut dire que la race noire n'a pas le palais très-délicat. A peine cette initiation est-elle terminée que le taureau est livré à dévorer tout cru aux jeunes gens de la tribu : ceux-ci se gavent de chair, et, quand ils n'en peuvent plus, il leur faut enterrer les restes de l'animal, c'est-à-dire très-peu de chose, les os et la peau. Quant aux hommes faits, ils ne touchent point à ce mets qui leur est défendu, mais ils se livrent à des danses et à des réjouissances, ils boivent et prisent du tabac : et cela dure pendant plusieurs journées. Enfin le roi se présente dans l'arène — le centre du kraal — et se met à sauter comme s'il avait été piqué par une tarentule, jusqu'à ce que, n'en pouvant plus, il tombe sur le sol. Lorsqu'il est revenu à lui, il s'empare d'une calebasse verte, et la jette à terre de façon à la briser, en déclarant que la saison de la récolte est commencée.

Les Zoulous et les Cafres croient particulièrement aux présages : un chien, un mouton se hissent-ils par hasard sur une hutte, cela signifie pour eux quelque menace qu'il faut conjurer. Il en est de même quand une vache soulève un couvercle de marmite pour s'emparer de son contenu.

Les prophètes dont nous venons de parler jouent un grand rôle dans les tribus africaines, où l'on croit qu'ils ont commerce avec les morts, et peuvent communiquer leurs volontés d'outre-tombe à ceux de leurs parents qui sont restés sur la terre. On est persuadé également, chez les Cafres et les Zoulous, que ces sorciers découvrent les criminels, conjurent les mauvais sorts et font tomber la pluie quand elle est nécessaire.

N'est pas, ne devient pas prophète-sorcier qui veut, dans ces pays sauvages de l'Afrique australe. Ces imposteurs patentés descendent généralement de père et de mère sorciers; mais il y a des exceptions, et, pour arriver à être reconnu, il faut avoir subi des examens sérieux.

Celui qui aspire au rang de prophète devient soucieux, sauvage, inspiré; il décline la compagnie de ses semblables et mange très-peu. On l'entend crier, on le voit se démener comme un convulsionnaire; et, se ruant au milieu des bois, il va y chercher des serpents qu'il enroule autour de son corps, ce qu'un Cafre dans son bon sens n'oserait jamais faire. La famille dont un membre aspire à devenir sorcier en tire un grand orgueil. Le prophète se confie alors aux soins d'un sorcier reconnu, à qui il offre une chèvre en retour de ses leçons.

Vers l'époque du nouvel an, les sorciers se frottent le corps avec de la craie, ornent leur cou et leurs épaules de serpents en vie et se rendent à l'assemblée de leurs confrères. Ceux qui doivent être initiés sont jetés à l'eau, et, quand ils en sortent, ils se retirent au fond des bois, où leur pouvoir leur donne la force de dompter des animaux féroces, et d'apprivoiser les reptiles quels qu'ils soient, serpents et crocodiles.

Les bénéfices de ces possédés du diable ou plutôt de ces fous consistent dans la vente d'amulettes, telles que griffes de lions, os d'animaux étranges, morceaux de peau, plumes, dents, etc. Mais le plus souvent ce sont des racines ou des morceaux de bois, qui ont, disent-ils, la propriété de guérir telle ou telle maladie, de donner du courage aux soldats, d'éloigner les fantômes, de prévenir la chute de la foudre, enfin d'attendrir les cœurs les plus durs.

Dans tous les cas, la vente de ces objets doit toujours être précédée d'un sacrifice. Le bœuf tué est cuit dans la cabane du sorcier et partagé ensuite à tous les ayants droit.

Le roi tombe-t-il malade dans une tribu, on envoie quérir le sorcier et celui-ci se met à flairer le patient, afin de découvrir le sort qui a été jeté sur lui. Malheur à celui qui aura été désigné comme étant coupable d'avoir ensorcelé le souverain! Ce malheureux, qui est naturellement un homme de qui le sorcier veut se venger, est pris, garrotté et porté au milieu d'une fourmilière peuplée d'insectes énormes, où on l'ensevelit vivant. C'est horrible! c'est épouvantable! mais ainsi le veut la loi des Cafres.

Pour en arriver à ses fins, le prophète-sorcier a d'abord enseveli secrètement, dans un coin du kraal, un objet appartenant à celui qu'il veut convaincre de félonie à l'égard du souverain. Après de nombreuses recherches, admirablement mimées, le sorcier arrive enfin à la place où est placée la preuve de la culpabilité du condamné sans le savoir; il la déterre avec sa zagaie et nomme le sujet dont il a trouvé la preuve de conviction : c'est un homme mort!

Il y a également des sorcières parmi les Cafres et les Zoulous. Ces horribles mégères s'affublent de costumes étranges, colliers faits de crânes d'enfants morts-nés, de boyaux d'animaux soufflés et formant ballons, de plumes d'oiseaux de proie, de griffes de vautours et d'aigles. Elles tiennent en des lanières ou des fouets flamboyants des serpents enroulés autour de leur corps et de leurs bras; on les voit tout à coup s'élancer au milieu d'un cercle composé de tous les membres d'une famille qui cherche à conjurer un sort jeté sur un des siens, et là se livrer à des contorsions infernales, à des danses sans nom. L'écume leur sort de la bouche; les yeux émergent de leurs orbites; elles crient, hurlent, vocifèrent... Rien ne peut rendre l'horreur de ce spectacle sans nom.

Mais les enchantements ne sont pas seulement la science des sorciers mâles et femelles de l'Afrique centrale : ils s'occupent aussi de médecine et de chirurgie. Tout Cafre est initié par les horreurs de la guerre et les sacrifices humains ou les dépècements d'abattoir aux mystères de l'anatomie. Ils sont donc très-aptes à faire des opérations. L'art de poser des ventouses est également connu d'eux : au lieu de verres pour faire le vide, ils emploient des cornes de bœuf creusées. Les poisons sont encore une des sciences de ces prophètes-sorciers et docteurs. On comprend alors que ces sycophantes se servent de moyens extrêmes pour satisfaire une haine personnelle ou assouvir celle des autres : ces derniers services se paient naturellement, et le sorcier devient riche en peu de temps.

Une des croyances des Cafres et des Zoulous est le pouvoir attribué à leurs sorciers de faire passer l'âme d'un mort dans le corps d'un vivant de leur famille ou de leurs amis.

Nous avons dit que, parmi les prétendus pouvoirs des sorciers, celui de faire tomber la pluie leur est attribué. Il est facile de comprendre que toutes ces peuplades qui vivent en plein air savent — comme nos bergers d'Europe — reconnaître les signes extérieurs de l'atmosphère. Les sorciers, qui font une étude spéciale de ces indications atmosphériques, deviennent très-habiles dans leurs prédictions, mais ils ne s'aventurent jamais qu'à coup sûr. Lorsqu'une tribu, dont la récolte est mise en danger par l'effet de la sécheresse, veut obtenir de la pluie, elle s'adresse à son sorcier, et celui-ci, suivant les circonstances, exige, pour amener des nuages sur le territoire, des objets si difficiles à trouver qu'il ne se compromet jamais en remettant la chute de la pluie au moment où le *rara avis* lui sera remis. Si par hasard les symptômes d'un orage se montrent à l'horizon, vite notre coquin change de gamme, et trouve un biais pour prouver qu'il avait deviné et amené la pluie si ardemment désirée.

Les sorciers africains, vivant dans la tribu ou dans le voisinage du kraal où se trouvent de passage des Européens, ne manquent jamais de rejeter tout échec à leurs tours de passe-passe sur ces étrangers.

Les chants des missionnaires, disent-ils, éloignent les nuages; aussi bien souvent s'adressent-ils aux révérends eux-mêmes pour les aider dans ces incantations.

Un de ces sorciers, très-renommé sur la terre zoulou, avait ordonné à la population entière de sacrifier tout le bétail du kraal pour obtenir la pluie tant désirée : d'aucuns obéirent, d'autres se refusèrent à un carnage si onéreux. Le sorcier jeta feu et flammes, car il avait déclaré que tel jour, à telle heure, le ciel serait noir et que l'orage se déchaînerait Rien de tout cela n'arriva, et le sorcier fut conspué par tous, non-seulement par ceux qui avaient été assez fous pour l'écouter, mais encore par les autres qui s'étaient réservés. Une famine partielle se déclara dans le pays : il fallut que le roi vînt en aide à ses sujets.

L'un des sorciers qui a eu le plus de réputation sur le territoire cafre se nommait Makauva. Il se déclara prophète et inspiré, résista aux ordres de tous les souverains du pays, se fit un grand nombre de prosélytes, et enfin, à la tête de dix mille Cafres, alla un matin attaquer la garnison de Quahamstown, composée seulement de trois cent cinquante soldats. Sans l'arrivée imprévue et inespérée d'un secours, les Anglais eussent été tous massacrés.

Quel qu'en fût le résultat, le combat fut sanglant : les Cafres perdirent plus de trois mille hommes, car Makauva était revenu à cinq reprises contre les soldats de la Grande-Bretagne. Le prophète fut fait prisonnier et envoyé dans l'île de Robben, où il se noya en cherchant à s'en échapper.

Les sorciers africains ont une façon de se vêtir qui est réellement si singulière que la description de leur costume nous paraît intéressante pour nos lecteurs. D'abord, ils se couvrent le corps de peintures faites avec de la craie et du noir animal. Leur chevelure inculte est tressée de plumes, de queues d'animaux, de coquillages étranges. A leur cou, à leurs bras, ils portent des colliers et des « porte-bonheur » façonnés avec des osselets de doigts humains. Chacune de leurs ceintures est façonnée de peaux de bêtes féroces, — de hyènes particulièrement, — au-dessus desquelles est suspendu un sac de verroteries, — le *daghasac* — contenant du *dagha*, autrement dit de la poudre de chanvre très-usitée comme médecine par tous les sorciers zoulous et cafres. A ce sac sont appendues des amulettes, des charmes, morceaux de bois, coquillages, pierres rouges brillantes comme des grenats. Ils portent à la main une sorte de canne de tambour-major qui sert à leurs incantations.

En somme, tous, mâles et femelles, sont de hideux fantoches, et plus ils sont laids, plus, paraît-il, on a de confiance en eux. Il en est cependant qui sont de très-beaux hommes. Nous avons même vu des portraits de femmes sorcières, venant du pays, qui étaient fort remarquables pour la forme et l'élégance des contours.

C'est surtout en temps de guerre que les sorciers ont la part belle. Le roi mande le prophète de sa tribu, quand il déclare les hostilités; on fait un premier sacrifice, pour s'attirer la bénédiction et la protection des ancêtres : cet holocauste est suivi d'un second pour implorer le « Grand-Grand, » et les hécatombes se succèdent à chaque bataille, avant et après pour la défaite ou la victoire.

Les soldats, en particulier, veulent tous avoir une amulette qui les préserve de la mort, voire même des blessures. Les sorciers se font alors payer en nature, une chèvre, un mouton, un bœuf, une vache pour chaque objet.

Rien n'est plus curieux que de voir le sorcier à l'œuvre. Il jette son collier d'ossements humains sur le sol où il a placé en évidence plusieurs têtes de mort, et, suivant la place où tombe ce collier, la direction prise par les osselets, il énonce ses augures, en faisant danser autour de son bras un serpent apprivoisé.

Il faut voir l'attention portée par tous ces gens-là aux paroles de ce diseur de bonne aventure! Bon ou mauvais augure sont acceptés avec confiance. Mais la déception ne tarde pas — à moins d'exceptions rares — à remplacer les prédictions favorables. — N'importe! la sorcellerie est et sera longtemps la boussole de tous les actes de la vie des Cafres et des Zoulous.

La forme corporelle des Cafres et des Zoulous est réellement très-belle au point de vue des lignes. Leur tête est intelligente, leur front haut, leur crâne couvert d'une toison crépue qui ne devient jamais longue. Les enfants, en venant au monde, ont également une petite perruque frisée, très-souple, qui n'a rien de disgracieux. La poitrine, chez les hommes, est large et bien développée; chez les femmes, admirablement proportionnée, quand elles sont jeunes. La vieillesse change bien tout cela, mais ce n'est qu'à vingt-cinq ou trente ans qu'elle commence chez le sexe faible.

Les jambes sont droites, les bras très-dodus, les mains et les pieds larges et solides. Peu de mollets, mais un postérieur éminent, car les

Africains se tiennent droits, raides et cambrés, tant que la maladie ou l'âge ne les a pas courbés en deux.

La couleur de la peau est d'un noir brillant, et la race cafre considère cette teinte comme une beauté, à la condition que l'on voie perceptiblement le sang circuler dans les veines.

— Notre chef aurait pu être blanc, s'il l'avait voulu, disent-ils; mais il a préféré garder sa couleur sombre : c'est ce qui prouve sa puissance.

Les traits des Africains de la Cafrerie et du pays zoulou sont accentués, énergiques, les pommettes sont saillantes, la bouche lippue, le cristallin des yeux d'un noir d'ébène, arrondi sur un orbe plus blanc que l'ivoire, les dents blanches, qui se ternissent par l'usage du tabac.

Quant au costume, il est bien simple : la nudité la plus complète, sauf sur les hanches et sur la partie inférieure du ventre qui sont recouvertes par un morceau d'étoffe ou des plaques de verroterie de forme oblongue. Des colliers, des bracelets de plumes autour du cou, des bras et des jambes, et... c'est tout.

Nous avons précédemment parlé de la coiffure des hommes nubiles et de ceux qui sont mariés; nous n'y reviendrons plus.

Le caractère des indigènes de l'Afrique australe est essentiellement fataliste, eu égard à ce pouvoir de vie et de mort qu'ont assumé sur lui les souverains des peuplades dont il fait partie. Et cependant le Cafre est le plus intelligent de tous les hommes de race noire qui habitent le sud africain. Naturellement les Cafres et les Zoulous sont d'un courage éprouvé. Malgré leur visage sévère, ces hommes noirs sont très-gais et d'une jovialité verbeuse. Ajoutons encore à ces traits le plaisir qu'ils éprouvent à recevoir un hôte. Tout voyageur qui frappe à la porte d'un kraal est sûr d'y être bien reçu, selon son rang et sa position sociale. Du reste les Cafres, généralement parlant, aiment leur chez-soi et ornent leur hutte de la façon la plus originale. Ils se reçoivent les uns les autres et haïssent de manger seuls, même de prendre une boisson, quelle qu'elle soit, sans la partager avec un ami ou un voisin.

Prenons le Cafre à sa naissance. A ce moment, il est d'une couleur brun clair : ce n'est que plus tard qu'il assumera une teinte radicalement foncée. Peinturluré, badigeonné d'ocre dès qu'il a vu le jour, tailladé, — comme si on voulait lui faire l'opération de Gessner, — et la partie saignante imbibée d'une liqueur médicinale, il est lavé à pleine eau, puis repeint à neuf jusqu'à l'âge de six mois. Quel joli bébé!

Son berceau est une sorte de sac de peau retenu sur le dos de la mère par des lanières, et celle-ci ne dépose point son enfant, même pendant qu'elle travaille à la terre. Suivant le rang occupé par la mère dans la hiérarchie de sa tribu, ce berceau est orné d'amulettes plus riches les unes que les autres. Les parents sont très-doux et très-affectueux pour leur progéniture, à moins que celle-ci, quand elle est grande, ne commette quelque vilaine action. Les fils, guerriers, sont les amis de leur père et l'orgueil de leur mère qui les admire; les filles sont la joie du logis, car elles sont la richesse du foyer. Comme la vie animale est à bon marché en Cafrerie, la nombreuse famille n'est jamais considérée comme une charge onéreuse pour les parents.

Tout Cafre arrivé à l'âge de puberté est ou devient un guerrier. Avant de saisir une zagaie ou de manier un fusil, il s'est exercé à tous les tours de gymnastique possibles : la course, la natation, l'entraînement complet d'un homme. Nul mieux que lui ne connaît l'art de surmonter la fatigue. Sous ce rapport-là, il est invincible.

L'on rencontre souvent en Cafrerie ou au pays des Zoulous un garçon qui court sans perdre haleine, tenant en sa main un bâton ayant au haut une fente dans laquelle est posée une lettre. C'est un courrier qui va délivrer une missive à une grande distance pour rapporter la réponse à celui qui l'envoie en course.

Il court au pas gymnastique et ne s'arrêtera qu'à destination, ne faisant halte que pour se rafraîchir pendant quelques minutes à des portes convenues d'avance. Quoique pieds nus, rien ne l'arrête, ni les pierres tranchantes, ni les épines; la plante de ses pieds est à l'épreuve de ces misères-là.

Il va sans dire que la santé des Cafres et des Zoulous est des plus réussies. Aussi, dans les cas graves, quand ils sont atteints par des blessures à la guerre, sont-ils toujours certains de la guérison.

Les jeunes filles cafres et zouloues sont remarquablement belles : leur visage laisse bien quelque chose à désirer, mais le reste du corps est irréprochable. Par malheur, ces filles d'Eve croient devoir s'oindre la peau avec de la graisse, et se rendent l'une à l'autre le service de se frotter jusqu'à ce que leur épiderme brille comme une botte de gendarme. C'est un assez vilain usage, mais que dire, puisque c'est la mode? Cela fait, elles se chargent le cou, les bras, les jambes d'ornements de plumes et de verroteries, ce qui nuit encore à leur élégance. Leur ceinture, à peine large de 10 centimètres, se compose d'une frange de cuir découpé et tressé d'une façon assez artistique. Par malheur, à l'âge où, en Europe, une jeune fille est dans tout l'éclat de sa beauté, la Cafresse ou la Zouloue est déjà une femme sur le déclin. Somme toute, une jeune fille cafre est un sylphe; mais quand elle a atteint trente ans, c'est une sorcière du Walpurgis.

Nous avons parlé du costume : l'emploi des peaux est universel en Cafrerie, et nul mieux qu'un de ces noirs intelligents ne connaît l'art de préparer les dépouilles des animaux, et de rendre le cuir aussi souple qu'un morceau de soie ou une pièce de cotonnade. Les moyens de couture employés par ces sauvages sont ou des arêtes de poissons, ou des épines d'acacias. C'est de cette façon qu'ils confectionnent leur *huro*, sorte de manteau qui leur sert les jours de pluie, ou pendant les nuits glaciales des temps de pluie, pour se couvrir le corps.

Les Cafres et les Zoulous se fabriquent aussi des sacs de peau dans lesquels ils portent leur tabac, leurs pipes et autres articles de ménage, y compris leurs aiguilles, car ils peuvent en avoir besoin dans leurs excursions lointaines pour réparer leurs vêtements.

La coiffure est un ornement très-important pour un guerrier africain : elle se compose de plumes d'oiseaux de toutes couleurs, particulièrement d'autruches et de vautours, relevées par d'autres très-brillantes et teintées de bleu ou de rouge. Un Cafre ainsi agrémenté est un sauvage réellement très-curieux à voir; par malheur, il s'enduit de suif et cette graisse développe des senteurs peu caressantes pour l'odorat.

Qu'on ne s'imagine point cependant qu'un Cafre est un être malpropre. Nul plus que ce sauvage — à quelque sexe qu'il appartienne — ne se baigne plus souvent. Ce qui n'empêche pas qu'au sortir de l'eau il ne s'oigne encore le corps. Du reste cela, paraît-il, est indispensable pour être garanti des effets des rayons du soleil et des piqûres d'insectes.

Les femmes sont plus coquettes, sous un certain rapport, en ce sens qu'elles se mettent des fleurs naturelles dans les cheveux, des verroteries sur le front, sur le cou, au-dessus des mollets, aux bras; que leur ceinture ou tablier est teint de plusieurs couleurs et qu'enfin leur chevelure est hérissée d'épines d'acacia; on les prendrait pour des châtaignes. C'est à leurs yeux un moyen de protection que l'on comprendra sans commentaires.

Passons maintenant aux habitations des Cafres et Zoulous. Nous avons parlé des kraals, bâtis en rond autour d'une cour intérieure qui sert de parc aux bestiaux, et garantis à l'extérieur par une palissade fortifiée, hérissée d'arbres épineux pour servir à repousser les ennemis. L'abri sous lequel chaque famille se repose ou se retire pour éviter les intempéries des saisons ressemble à la moitié d'une énorme citrouille que l'on aurait placée sur un sol battu. Des piquets de bois, des branches recourbées en demi-cercle, des nattes de jonc et de bambou tressées ensemble, telle est la façon d'une maison de Cafre ou de Zoulou. La plus haute élévation du plafond est de la taille d'un bel homme. Une rigole extérieure et une autre intérieure servent à l'écoulement des eaux. Des poteaux horizontaux servent à suspendre les ustensiles de ménage, les armes, les vêtements inutiles. Tout autour de la muraille intérieure se trouvent rangés des pots de terre façonnés par les femmes, dans lesquels on place les provisions de bière, de lait et de grains. Le sol est toujours balayé avec soin, et chaque propriétaire l'a battu avec une sorte de *demoiselle*, pour le rendre aussi dur que s'il était en pierre ou en ciment.

En face de la porte d'entrée, on aperçoit le foyer, que les Cafres n'allument qu'en hiver, — la saison pluviale ; — pour la plupart du temps, la cuisine des aliments s'opère à un fourneau banal où chacun va faire son dîner et son souper. La fumée s'échappe de la cabane par des ouvertures placées à des endroits qui ne laissent pas l'eau pénétrer à l'intérieur.

Le soir, quand la famille se retire pour dormir, on ferme la porte intérieurement avec une claie maintenue par des pierres.

Il est facile de comprendre que, lorsque le feu prend à l'un des logis du kraal, tout le village s'enflamme ; mais la perte, heureusement, n'est pas grande. Tout ce qui était la propriété du Cafre se remplace facilement.

Le kraal du souverain est généralement plus

grand que celui de ses sujets. Celui de Cetewoyo, roi des Zoulous, mesure plus d'un mille de circonférence. Les cases sont plus vastes, plus élevées, et tout autour de l'enceinte les grands guerriers se sont construit leurs demeures sur trois ou quatre rangs, comme sont placées les tentes de nos soldats dans un camp.

Les femmes sont exclues de l'enceinte du kraal royal; leurs habitations, placées en dehors, n'en ont pas moins une communication avec le grand campement de Cetewoyo. La nuit venue, on pose des sentinelles près des portes, et l'on remarque que ces hommes de garde sont d'une hideur exceptionnelle; boiteux, bancal, borgne, défiguré, tout est bon pour être choisi pour gardien des portes du harem royal.

La grande richesse des Cafres consiste dans les troupeaux qu'ils possèdent. Les chefs s'arrangent de façon à ce que toutes les têtes de bétail aient la même robe. Ces animaux rassemblés sont réellement très-remarquables. Au fur et à mesure qu'un Cafre augmente le nombre de ses bêtes, il ajoute de nouvelles femmes à sa maison, puisqu'il peut les nourrir.

L'affection des Cafres de l'Afrique australe pour les vaches, les taureaux et les veaux qui lui appartiennent dépasse tout ce que l'on peut imaginer. Il orne les oreilles, la crinière, les jambes de ces animaux avec des tresses de paille, des ornements bizarres, de telle sorte que, sensible à ces soins, le bétail rend à son maître une sorte de reconnaissance. Les cornes de ces animaux sont taillées et agrémentées; on les tourne l'une de droite, l'autre de gauche, au fur et à mesure qu'elles poussent sur la tête du veau : c'est de la pure fantaisie.

Ce bétail sert d'une part à la nourriture du ménage, quoique ce fait soit rare, les vivres habituels du Cafre consistant en lait mélangé avec de la farine, de façon à faire une sorte de crème épaisse, ou plutôt de bouillie. Mais le lait pour être employé doit être aigri ou fermenté. Cela s'appelle *amasi*. Les enfants se délectent avec ce fromage mou.

Revenons aux bœufs et aux taureaux. Ils servent souvent de bêtes de somme et les Européens les emploient pour traîner les chariots, aux lieu et place des chevaux, rares encore dans cette partie du territoire africain.

Rien n'est vraiment plus curieux que de voir un guerrier cafre juché sur le dos d'un de ces ruminants, sans selle ni housse, et employant, pour diriger la bête, une double corde dont les extrémités sont liées à un bâton passé dans les narines du pauvre « dextrier ».

Depuis quelque temps, les chevaux sont devenus plus communs en Cafrerie, et l'emploi du bœuf est abandonné, sauf pour le transport des paquets, que l'on continue à étager sur l'échine de ces animaux. Afin de retenir les bêtes de somme pour qu'elles ne quittent pas le chemin à parcourir, on les attache par des cordes retenues aux cornes et, de cette façon, un seul conducteur peut veiller sur une longue caravane.

Tous les bœufs sur lesquels on monte ont les cornes sciées de façon à ce qu'en cas de chute le *cavalier* ne se blesse pas. Chaque fois qu'une razzia a été faite par les Cafres ou les Zoulous, les animaux capturés servent à ramener le butin dans le kraal des victorieux.

On voit alors le souverain s'avancer gravement à la tête de son armée, monté sur la plus belle bête du camp ennemi, couronné de fleurs et de plumes de toute sorte, le bouclier de peau et la zagaie dans les mains, se dandinant comme *feu notre bon roi d'Yvetot*. Généralement tous ces souverains cafres sont gros et gras ; ce qui prête encore plus à la ressemblance, et au sourire de ceux qui les voient passer.

MARIAGES ET COUTUMES.

Quoi que l'on ait pu écrire sur les unions contractées par les races africaines de l'Afrique australe, un mariage, chez les Cafres et les Zoulous, est une aussi importante affaire qu'elle l'est en Europe, avec cette différence que, si nous n'avons qu'une femme, d'après nos lois, les aborigènes du Natal et autres lieux voisins en prennent autant qu'ils veulent.

A chaque mariage, de grandes cérémonies ont lieu, qui sont pareilles au dernier, et semblables au premier.

Plus un homme est riche en bétail et en champs cultivés, plus il est entouré de femmes; ce qui veut dire que, si un chef possède un harem de vingt ou trente compagnes, son sujet, placé à un rang infime, n'en a qu'une et s'en contente. C'est un honneur pour une famille d'avoir un de ses enfants dans la maison du souverain; aussi voit-on des pères et des mères venir offrir leur enfant au chef de la nation. Le roi de la Cafrerie possède une vingtaine de kraals sur l'étendue de son territoire, dans lesquels résident un nombre indéfini de femmes, si bien qu'en changeant de résidence il se trouve toujours entouré de gens à lui.

Tous ces kraals sont gardés par des soldats ayant pour consigne de veiller sur les femmes du roi, pour qu'elles ne sortent pas de l'enceinte. Mieux encore, le souverain entretient des espions qui doivent lui rapporter les faits et gestes de ces hourris. Il est donc fort dangereux à tout Cafre, Zoulou ou étranger de chercher à s'entretenir avec une de ces dames noires : trahis par un des délateurs invisibles, c'est la mort pour les deux interlocuteurs.

Le roi Tchaka, lui, se refusait à tout mariage : il acceptait bien le don de ses sujettes, mais ne les élevait jamais à l'honneur d'être ses femmes. A dire le fin mot, ce souverain ne voulait pas d'héritier qui eût pu convoiter sa place. Du reste, la mort est pour ces grands de la terre africaine, un tel sujet d'horreur et d'appréhension, qu'ils se croient ou plutôt voudraient se croire immortels. Tchaka, lui, avait un moyen sans réplique pour ne pas être menacé par un fils qui eût aspiré au trône : toute femme dans une situation intéressante était impitoyablement mise à mort. Cet infâme despote, comme tous les souverains d'Afrique, ne comprenait pas la résistance et les parents de ces malheureuses créatures n'étaient pas consultés sur le sort réservé à leurs enfants.

Du reste, la polygamie africaine est si bien acceptée, que les femmes d'une maison n'ont aucune aspiration à dominer l'une ou l'autre. Consacrées aux travaux manuels, qu'un homme trouve indignes de lui, elles sont occupées du matin au soir. Un Cafre croirait déroger s'il ramassait soit un bâton, soit une corbeille. Aussi un voyageur, qui a longtemps parcouru la Cafrerie, avait-il écrit sur son calepin de notes de voyage :

« Ici les femmes travaillent, tandis que, pendant ce temps-là, les hommes sont assis et fument leur pipe ? »

Tous les soins intérieurs et extérieurs du ménage sont abandonnés aux femmes mariées : ce sont elles qui balayent les habitations, qui préparent les aliments. A elles le soin de labourer les terres, d'y semer le grain, de veiller à sa croissance, à sa moisson, à son emmagasinage dans les cotes : c'est la femme qui fait la farine, pétrit le pain et procède à sa cuisson. Le succès condescendra bien à apporter quelquefois des gibiers au logis, ensuite, là se bornera son immission dans les travaux de sa case. La femme plumera ou dépouillera le gibier, puis elle le fera cuire dans les vases qu'elle aura fabriqués elle-même.

N'allez pas croire qu'à la fin de la journée, cette malheureuse femme se repose : il lui faut moudre les grains de maïs ou de millet, — ce qui n'est que chose facile, aux égards, aux moyens primitifs de ces peuplades, pour obtenir de la farine —. Cela fait, la femme doit pétrir les galettes ou faire cuire de la bouillie qu'elle offrira à son époux en le regardant manger. La fabrication de la bière est également laissée aux soins des femmes; mais elles n'en boivent pas d'ordinaire.

Les travaux d'une femme, Cabe ou Zouloue, sont cent fois plus pénibles que ceux d'une fermière d'Europe : il est donc compréhensible, que cette infortunée se trouve heureuse quand son mari se choisit une autre femme. De cette façon, la besogne sera répartie et elle sera encore fatiguée à la fin de la journée. Toutes ces considérations n'empêchent pas que la première femme conserve toujours une prédominance que celles qui viennent après elle dans le kraal. Être la garde, à moins de découvrir dans l'esprit de son époux par un acte répréhensible, quel cas une autre la remplace, selon le bon plaisir du maître, sans égard pour la date d'ancienneté ou l'âge. Du reste, le contact intérieur est rare entre ces femmes, chacune a sa case placée à la gauche de celle du mari, la femme en chef seule habite à la droite dans le kraal.

Malgré ces précautions, des cas de jalousie se présentent, qui animent tôt ou tard la fin fatale de la femme qui l'a soulevée. Les moindres difficultés entre ces femmes de Cabe sont causées de batailles, dont les conséquences amènent des égratignures, des visages abîmés, des oreilles déchirées. Mais que le maître survienne, il tombera à coups de bâton sur ces énergumènes, pour mettre le holà.

La loi de succession — eu égard à cette palagamie —, sujette à des règles particulières. Comme en Europe, c'est l'aîné des enfants qui hérite des biens de son père, mais comme il a plusieurs maisons et que chaque habitation a son bétail, l'enfant de chaque domicile prend ce qui lui revient de son père.

En cas de mort sans filiation, c'est ou le père,

ou le frère, ou le cousin du mort qui s'empare de la fortune.

Tout Cabe ou Zoulou paye pour se marier : ce qui prouve que la femme qu'il épouse a une valeur. C'est par la donation de la tête de bétail ou des bêtes, au père de la fille et de la remise de celle-ci aux mains du mari, que le mariage est contracté. Le nombre des animaux représente la valeur d'une jeune fille, voire de un à quinze et vingt. On paie d'avance.

Le Cafre qui cherche femme se revêt de son plus beau costume et va faire sa demande. Les parents et la jeune fille l'examinent alors et le font tourner et retourner pour se rendre compte de ses charmes. Le lendemain, la même visite se renouvelle, puis, si la chose est faisable, le mariage est décidé. L'homme, qui a été si souple pour arriver à ses fins, change bien vite de rôle quand il est devenu le maître de la jeune fille.

Depuis que les Anglais sont établis dans le Natal et sur les côtes, il arrive fréquemment que les jeunes filles cafres, qui ne veulent pas se soumettre aux volontés de leurs familles, se sauvent au-delà des frontières, demandant protection aux colons ou aux autorités.

Le mariage étant décidé, la future épouse se

rend au kraal de l'époux qu'elle a choisi, revêtue de ses plus beaux ornements, mais la tête rasée, sauf une petite touffe qu'elle a peint ou plutôt saupoudrée de poudre rouge. Ses sœurs ou ses amies, ainsi que sa mère, l'accompagnent, tandis que les hommes de sa famille, revêtus en guerriers, passent en avant. Quelques bœufs, présent du marié à la mariée, viennent à la file. Parvenus à l'entrée du kraal, les danses commencent, et pendant qu'elles ont lieu, une véritable comédie est jouée par les hommes et les femmes invités par les deux parties contractantes. Ceux-ci déprécient la beauté de la fiancée; ceux-là méprisent la valeur du mari; puis tout cela s'arrange : on ne chante plus que les louanges de la femme et de son mari.

Pendant ce temps-là, on a égorgé le bœuf de la fiancée. C'est ce qui termine la cérémonie, car, jusqu'à ce moment-là, le père aurait pu reprendre sa parole.

Le repas a lieu, et quand tout a été mangé, dévoré, lorsqu'on s'est régalé de bière, de liqueurs fermentées, le nouvel époux emmène sa femme dans son kraal. Le lendemain, le père de la jeune femme envoie un bœuf à son gendre : c'est ce qu'il appelle la bête du *surplus* et qui prouve qu'il est satisfait de la position occupée par sa fille.

Le divorce entre Cafres est admis quand la femme se montre paresseuse ou inhabile à servir son époux ; dans ce cas, le père doit rendre la dot qu'on lui a donnée. La stérilité est encore un cas de résiliation et de restitution. Dans ce cas, le père offre à son gendre une autre de ses filles, ce qui est accepté ou refusé.

Du reste, les égards entre beau-père, belle-mère et gendre, et *vice versa*, ne sont pas exigibles. Libre à eux de ne point se reconnaître quand ils se rencontrent. Dans ce cas, tandis que la femme s'accroupit sur le bord du chemin, le gendre se cache le visage derrière son bouclier, en s'efforçant de courir et de disparaître. Telle est l'étiquette cafre.

Et quant au nombre assez considérable souvent de belles-mères qu'a un Cafre, s'il était obligé de les saluer toutes, il serait très embarrassé.

LES CÉRÉMONIES FUNÈBRES.

Généralement, dans tous les pays civilisés, les rites des funérailles font partie de la religion professée par les habitants.

Les enterrements en pleine terre sont, à peu d'exceptions, pratiqués sur toute la surface du globe terrestre, et c'est aussi le moyen qu'ont également adopté les Cafres. Les corps ne sont point couchés dans leur fosse, comme cela se fait partout, mais on les place debout dans une tranchée; puis on les asseoit en ayant soin de faire reposer le menton sur les genoux, et les bras restent ballants, ramenés vers le bas des jambes.

Le plus souvent un cadavre de Cafre est introduit dans le nid abandonné de ces énormes fourmis, qui se construisent des forts pour y déposer leurs œufs. Ces nids, de forme ovoïde, sont aux trois quarts enfouis dans la terre, d'où ils sortent, comme le ferait le couvercle d'un four à chaux, à un mètre au-dessus du sol. La carapace en est très épaisse : les Cafres coupent donc la calotte supérieure, y introduisent le corps de leur parent et replacent le dôme, qu'ils cimentent et bouchent avec de l'argile. Ils sont là momifiés et hors d'atteinte.

L'endroit pour l'inhumation des Cafres est choisi d'après le rang qu'ils occupaient dans la hiérarchie sociale. Si c'est un chef, on creuse un trou dans l'*isibaia*, — autrement dit le centre du kraal où est enclos le bétail. — et l'on procède aux funérailles avec une certaine pompe. Tant qu'a duré la maladie du chef, tous les membres de sa famille ont, à dessein, négligé de vaquer aux soins de leur toilette, laissant pousser leurs cheveux sans les raser, oubliant de se laver et de s'oindre le corps avec de la graisse. Ils revêtent leurs plus vieux costumes et ne mettent aucun ornement sur eux.

Le jeûne est ordonné par les usages. Les enfants seuls sont exceptés de la règle : on leur sert un repas abondant, et c'est seulement quand ils y ont pris part qu'on leur apprend la mort de leur père.

L'enterrement est conduit par les parents les plus proches : c'est la seule occasion où un Cafre ou un Zoulou ne croie pas déroger à sa dignité en aidant à creuser la terre. Lorsque le trou est achevé, on y descend le cadavre et l'on place près de lui la cuillère dont il se servait pour manger, sa natte sur laquelle il se couchait, son oreiller, ses flèches et ses zagaies dont on a brisé les hampes et tordu les fers. L'on dit que cette façon de procéder a pour motif la crainte que l'esprit du mal ne se serve de ces armes pour faire du mal aux vivants.

Si l'homme mort est riche, on égorge un bœuf que l'on place devant lui, de façon à ce qu'il puisse se présenter dans le monde des âmes avec ce qu'il faut pour *bien vivre*.

Dans le cas où le défunt n'est qu'un pauvre diable, on ne lui fait pas l'honneur de l'inhumer dans l'*isibaia*; il est placé en dehors du kraal, dans une fosse au-dessus de laquelle on entasse des quartiers de pierres ou des faisceaux d'épines, de manière à empêcher les animaux carnassiers de venir déterrer sa dépouille pour la dévorer, ou les sorciers de s'en emparer pour leurs incantations.

Dès que la cérémonie des funérailles est terminée, tous ceux qui y ont pris part se rendent à la rivière la plus prochaine pour s'y laver; les ablutions faites, le prophète-sorcier leur donne une *médecine* à prendre, et alors ils peuvent manger et boire, traire leurs vaches et procéder à leur toilette. Il n'y a que ceux qui ont touché le corps à qui on administre double ration de médecine : ils doivent également se laver deux fois de plus que les autres, avant de rompre le jeûne.

L'honneur de l'enterrement n'est pas décerné à tous les Cafres : ceux qui ont été tués par ordre du roi sont considérés indignes de recevoir une sépulture convenable. Convaincus d'un crime ou victimes de la cupidité ou du caprice de leur souverain, ils sont jetés comme des charognes au milieu du bois voisin, pour devenir la proie des vautours et des hyènes.

La vue, le contact d'un mort, inspirent la plus grande répugnance aux Cafres et aux Zoulous : ce n'est que contraints et forcés qu'ils procèdent aux funérailles de leurs parents.

Le festin des funérailles est curieux par les faits qui s'y passent et qui sont répétés à chaque occasion similaire. On a tué et fait cuire un bœuf pour faire honneur au défunt : quand on l'a dévoré, l'un des anciens se lève et prononce l'éloge du mort ; il s'adresse ensuite au fils aîné, dont il déplore l'abandon et l'inexpérience dans la vie, en lui donnant des avis affectueux. Il offre des compliments de condoléance aux femmes qui restent sans soutien sur la terre, et il pleure à fendre l'âme avec elles : du reste, pleurer est chose facile pour le Cafre : au besoin, en se jetant du tabac en poudre dans les yeux, il obtient un résultat immédiat.

C'est de cette façon que l'on prouve le respect que l'on portait au chef qui n'est plus.

Les funérailles des enfants n'ont point autant d'importance, mais elles sont réellement poignantes. C'est le père lui-même qui creuse le sol avec sa houe, assisté dans ce funèbre travail par une de ses femmes. La mère du pauvre bébé, plongée dans la plus grande douleur, se tient à l'écart, en veillant à ces tristes apprêts. Le corps de ce jeune Cafre est porté, comme s'il était encore en vie, sur les bras d'une autre femme qui le berce et semble lui dire de douces paroles. Le père prend alors une calebasse pleine d'eau et procède à la *lustration* du cadavre qu'il dépose ensuite dans la fosse. On le recouvre de fagots d'épines qui, à leur tour, sont cachés par de la terre et des pierres, afin de préserver ces restes chéris des attaques des carnassiers. Et tout le monde se retire l'âme navrée, le désespoir dans le cœur, feint ou réel.

L'un des rois les plus célèbres de la Cafrerie, Tchaka (que nous avons déjà nommé), fut accusé d'avoir contribué à la mort de sa mère. Dès qu'il comprit que la malheureuse allait mourir, il fit tout son possible pour désarmer l'opinion publique. Tout d'abord il contremanda une chasse aux éléphants à laquelle il devait prendre part et revint rapidement au kraal maternel, afin de mieux donner le change. Il y trouva toutes les femmes éplorées et la hutte dans laquelle la vieille femme était couchée ressemblait à l'intérieur d'un bain de vapeur; la fumée obscurcissait cette habitation sauvage et suffoquait ceux qui y étaient réunis.

La malade souffrait de la dyssenterie : elle allait mourir.

Tchaka s'accroupit à quelques pas de la natte où gisait sa mère; derrière lui, d'autres chefs se tenaient dans la même position, revêtus de leur costume de guerre. Tous observaient un silence profond.

Enfin l'agonie cessa : la vieille n'était plus. A ce moment, Tchaka se leva et les autres en firent autant. Tous arrachèrent de leur corps les vêtements et les ornements dont ils étaient couverts. Le roi commença à hurler et à pousser des lamentations funèbres. Chacun imita cet exemple. C'était une cacophonie des plus épouvantables. Quinze mille personnes poussaient des cris qui n'avaient rien d'humain. Tout ce monde était accouru des kraals voisins pour assister à cette mort prévue, et ce tapage continua pendant toute la nuit, sans paix ni trêve, sans qu'aucun de ceux qui étaient présents songeât à prendre la moindre nourriture, voire même à se désaltérer.

Quand le soleil se leva, soixante mille personnes étaient rassemblées; bientôt des centaines de Cafres tombèrent sur le sol, accablés d'épuisement et de fatigue. Tchaka fit alors égorger soixante bœufs pour donner à manger à son peuple. Quand ce repas fut achevé, cette horde humaine forma un grand cercle, au milieu duquel s'avança Tchaka, qui entonna un chant de guerre répété par tous ses sujets. A la fin de cet hymne, le roi fit massacrer un certain nombre de ses sujets, et les cris de tous redoublèrent. A ce moment-là, sans que Tchaka eût donné de nouveaux ordres, la foule se rua sur d'autres malheureux, et le massacre devint général. On se battait comme dans un combat régulier. Chacun avait choisi le moment propice, pour se venger d'injures réelles ou imaginaires.

Il y eut plus de sept mille personnes couchées sans vie, quand vint la nuit; vers un ruisseau voisin de l'endroit où s'était livrée la bataille, le nombre des cadavres était si grand que le courant d'eau se trouvait obstrué. Le sang coulait et inondait le sol sur tout l'emplacement du kraal.

Le jour suivant, le corps de Mnandé — c'est ainsi que se nommait la mère du Tchaka — fut placé debout au milieu d'une immense excavation, recouvert de pagnes, orné de colliers de verroterie, et l'on fit descendre à ses côtés dix jeunes filles nubiles, les plus belles de la tribu, qui furent enterrées vivantes à côté de ce cadavre déjà à moitié corrompu. Dix mille hommes, en costume de guerre, assistaient à ces infernales funérailles. Ils restèrent au-dessus de ce tombeau exécrable pendant une année pour le garder. Leur entretien était fourni par des dons volontaires; chaque Zoulou, quelque pauvre qu'il fût, devait leur envoyer, les uns un bœuf, les autres un mouton, tout au moins des galettes, de la bière, du lait aigre et du gibier. Chacun se dit alors que, si Tchaka avait fait de si splendides funérailles à sa mère, c'est qu'il n'avait point trempé dans le crime, et qu'après tout Mnandé était morte naturellement.

Quelque terribles qu'eussent été ces funérailles, le peuple et les chefs cafres décidèrent qu'on procéderait à d'autres sacrifices. Il fut convenu que toute personne qui n'aurait pas assisté à la dernière heure de Mnandé périrait, et l'on fit venir sur le territoire des régiments de Zoulous qui mirent à exécution le plan qui avait été voté par la nation tout entière, sauf — bien entendu — par ceux qui devaient être les victimes.

On décida en outre que pendant une année la terre zoulou ne serait point cultivée, en signe de deuil; l'on défendit l'emploi du caillé; les vaches furent traites sur le sol sans qu'on fit usage de leur lait. Mais ces décisions ne furent pas longtemps prises en considération; les chefs transigèrent avec Tchaka, à qui ils offrirent, pour racheter le vœu, une certaine quantité de bœufs.

On avait également décidé que tout enfant venant au monde pendant cette année serait tué, lui et les auteurs de ses jours. Par exemple, cette résolution fut ponctuellement mise à exécution.

A l'expiration du deuil, toute la nation se rendit dans le voisinage du kraal royal, en armes, groupée par régiments tous placés sur les collines environnantes. Tchaka sortit de sa demeure et se tint debout au milieu de cette immense assemblée, puis il commença à pleurer et à gémir. Cet exemple fut immédiatement suivi par tous ceux qui l'écoutaient; le bruit ressemblait à celui d'une tempête déchaînée.

Chaque homme important de la nation avait amené avec lui un veau au moins, d'autres plusieurs bœufs, et à un moment donné tous, brandissant leurs couteaux, se ruèrent sur ces animaux, les égorgèrent, leur ouvrirent le ventre et en arrachèrent le fiel. Cela fait, chaque régiment se mit à défiler devant le souverain, et chaque homme, qui tenait une poche de fiel en mains, la jeta sur le roi, qui fut couvert de cet horrible liquide.

Lorsque la procession fut terminée, les prophètes conduisirent le roi vers un ruisseau où ils le lavèrent, après quoi ils le parfumèrent de leur mieux, et ce fut ainsi que le deuil fut fini.

Si certains Cafres — comme nous l'avons déjà raconté — sont quelquefois massacrés par ordre de leur souverain, puis jetés aux *gémonies* pour être dévorés par les hyènes et les oiseaux de proie, il en est d'autres que des parents peu humains précipitent dans des lacs ou des fleuves, quand ils les voient à la veille d'expirer. C'est un moyen d'abréger les souffrances de ceux qui sont condamnés.

Il est même des parents, des enfants sans entrailles qui, lorsque leur vieux père va mourir, le laissent seul dans la hutte, avec un peu de pain et d'eau, et s'éloignent de lui comme ils le feraient d'un pestiféré.

D'autres, plus expéditifs, mettent le feu à la cabane, afin de faire disparaître celui qui les gêne.

Chez les Dumoros, il est d'usage de se débarrasser des vieillards inutiles. Ce même crime est également commis par les Zoulous, qui portent souvent au milieu des bois les femmes — leurs mères, leurs filles, leurs cousines, — sur le point de passer de vie à trépas, afin de ne pas avoir l'ennui de les soigner à leur dernière heure et de procéder à leur enterrement. Ce ne sont pas là des règles, mais ce ne sont pas non plus des exceptions.

Si les gens de naissance sont soignés avec des égards pendant leur maladie, les inférieurs, les hommes, les femmes peu fortunés n'ont pas la même chance. La vie, dans le pays des Cafres et des Zoulous, a si peu de valeur que, dès qu'elle est à la veille de disparaître, elle devient de plus en plus méprisable et méprisée. Rien n'est plus facile à comprendre, du reste, que ce dédain, pour des hommes qui n'ont pas la moindre notion de religion et de civilisation.

Bénédict-Henry Révoil.

LES ZOULOUS

D'après M. Anthony Trollope.

Nous sommes si peu curieux en France de savoir ce qui se passe aux extrémités du monde que bien peu d'entre nous connaissaient, avant la guerre que les Anglais viennent de soutenir contre elles, les tribus indigènes du Sud africain. Le nom des Zoulous nous est devenu familier; nous savons maintenant que ce peuple, un peu plus noir que les Cafres, s'est établi, à une époque peu reculée, sur les confins de la Cafrerie; qu'il paraît être venu du centre de l'Afrique et s'être fait, grâce à la supériorité que lui donnait son courage, une place dans les climats tempérés. Nous savons aussi que le chef sous lequel il a fait ses conquêtes, que le Charlemagne des Zoulous s'appelait Chaka; qu'il est mort il y a moins d'un demi-siècle et que son neveu Cetewayo (il faut, dit-on, prononcer *Cetch-ouai-o*) était l'ennemi mortel des Européens.

Mais là s'arrêtaient, en général, les informations du public. Les origines, les causes de la guerre ne lui étaient pas connues, non plus que l'état politique de la colonie du Cap et des territoires adjacents. Il a donc fallu demander aux Anglais, si instruits en ces matières et qui d'ailleurs ont des raisons pour l'être puisque les intérêts engagés sont les leurs, quels sont les événements qui se sont accomplis depuis leur établissement dans le Sud africain, quelle est la politique qu'ils y ont suivie, et comment est venue la guerre. Toutes leurs Revues ont été remplies de ce sujet, et, de plus, M. Antony Trollope a, par un bonheur qui n'arrive qu'aux gens d'initiative et de talent, fait il y a deux ans un voyage au Cap dont nous extrayons l'intéressant récit que voici :

I

En matière coloniale, il est aisé de blâmer l'Angleterre; on peut l'accuser d'égoïsme, d'ambition, d'avarice, imputations vagues qui sont entièrement dénuées de sens. Aucun peuple ne fonde des colonies que pour son propre intérêt; aucun n'accomplit de grandes choses s'il n'est ambitieux; et, quant à l'avarice, elle est, pour les nations comme pour les individus, le stimulant au travail. Le fait est que si jamais nation a rendu de grands services au reste du monde, c'est l'Angleterre en tant que puissance conquérante et colonisatrice; l'Angleterre, qui porte jusqu'aux extrémités de la terre les premières notions du droit public et de la liberté civile, qui propage ses institutions jusque chez les peuples barbares, qui, en leur créant par la diffusion de ses produits manufacturés des besoins nouveaux, les porte à travailler et les fait entrer de gré ou de force dans les voies de la civilisation.

On a souvent plaisanté sur le compte de ces missionnaires marchands qui s'en vont chez les sauvages, une Bible d'une main, un mouchoir de calicot de l'autre, proposant à la fois leurs prédications et leurs produits. Nous ne sommes pas suspects de matérialisme; mais nous n'hésitons pas à dire que les mouchoirs de calicot avancent beaucoup plus leur œuvre civilisatrice que les enseignements religieux. Bien des contrées, jadis évangélisées au prix d'un dévouement sans bornes, sont retombées dans l'état sauvage; au contraire, la civilisation matérielle d'un pays, une fois mise en marche, a toujours continué son progrès. Ne nous plaignons donc point que les Anglais fassent leurs affaires : en les faisant, ils font celles du reste du monde, celles de l'humanité, la grande affaire de l'avenir.

Loin de pécher, depuis quelques années, par excès d'égoïsme, le gouvernement anglais s'est au contraire mis dans l'embarras où il se trouve aujourd'hui au Cap par excès de générosité. C'est le cabinet Gladstone qui a, par sa politique coloniale ultra-libérale, préparé les événements; c'est lui qui est moralement responsable de la guerre des Zoulous et de l'attitude passive qu'ont gardée dans cette circonstance les habitants de la colonie; lui qui est cause que le sang anglais et l'or anglais coulent à cette heure pour des intérêts qui ne sont presque plus les intérêts de la mère-patrie. C'est du moins ce que lui reproche non sans fondement le parti tory, attaché comme l'on sait, à ce qu'on appelle depuis quelques années en Angleterre la politique « impériale, » et la grande Revue qui est son organe.

Quand l'Angleterre, en 1797, enleva aux Hollandais le cap de Bonne-Espérance pour éviter, disait-elle, qu'il ne tombât au pouvoir de la France, son intérêt comme grande puissance maritime se bornait à s'assurer, avec la route des Indes, un port de ravitaillement pour ses vaisseaux. Les territoires sud-africains ne paraissaient point très-enviables, et si les Hollandais, successeurs des Portugais dans ces contrées, n'avaient point pratiqué à l'égard des pavillons étrangers une politique si égoïste qu'ils avaient quelquefois refusé tout, hors de l'eau douce, aux bâtiments en détresse, on n'eût peut-être pas senti le besoin de prendre leur place. On la prit parce qu'avant qu'on n'eût songé au percement de l'isthme de Suez, le Cap était la clef de la mer des Indes, comme Gibraltar est celle de la Méditerranée.

Pour tenir cette clef dans ses mains, pas n'était besoin de s'étendre sur tout le pays des Cafres : la nature avait elle-même tracé l'enceinte fortifiée dont la possession était nécessaire à une grande puissance maritime ; Simon's Bay, la péninsule de Table Bay, et cette couronne de montagnes dont la figure, le *Lion*, le *Tigre*, forme comme le fronton de l'Afrique, suffisaient à ses besoins. Le reste du pays pouvait être laissé aux Cafres, aux Hottentots et à ces fermiers hollandais appelés les Boers, qui en couvraient la surface.

Mais, en Angleterre plus qu'ailleurs, le gouvernement marche à la remorque de l'initiative individuelle. Or, qui pourrait fixer des limites au génie colonisateur de la nation? qui pourrait dire à un Anglais : Tu n'iras pas plus loin? Son instinct triomphe de tous les calculs politiques; grâce à Dieu, il est, sans le savoir quelquefois, sans le vouloir peut-être, le pionnier du progrès.

Non-seulement les Anglais, à peine maîtres du Sud africain, s'y établirent en grand nombre; non-seulement ils bâtirent des villes, des maisons confortables et firent régner sans partage au Cap les mœurs britanniques; non-seulement ils absorbèrent si bien l'élément indigène autour de Capetown, qu'un Hottentot de pure race est introuvable aujourd'hui; mais ils se portèrent individuellement beaucoup plus loin que les limites de la colonie. Poussés par les nouveaux occupants, les anciens colons hollandais, qui détestaient la domination anglaise, marchèrent devant eux; et, montés sur leurs chariots germains, comme ils le sont encore en Hollande, transportèrent leurs pénates au nord en refoulant les indigènes. Pendant un temps, les Boers se trouvèrent ainsi, par la nature des choses, les gardiens des possessions anglaises, les soldats d'avant-garde de l'armée européenne.

Ils peuplèrent des pays à eux, Orange, Transvaal, Natal, qu'ils gardèrent l'arme au poing, pendant plus d'un demi-siècle, contre les tribus africaines. Braves comme le sont tous les hommes qui vivent dans la nécessité habituelle de défendre leurs foyers, les Boers formaient, devant les tribus agressives, des retranchements avec leurs chariots, et de là combattaient à la manière des guerriers dont parle Tacite. M. Trollope a entendu, de la bouche d'une vieille femme, le récit d'un siége de ce genre pendant lequel, ses enfants derrière elle et le plus jeune dans ses bras, elle avait pendant une journée entière passé à son mari les munitions de guerre. Naturellement les Boers contractèrent dans cette lutte incessante des mœurs rudes et des sentiments durs à l'égard des tribus dont les habitudes de pillage les condamnaient à vivre ainsi sur la défensive ; de là les récriminations incessantes des Sociétés philanthropiques anglaises contre les Boers, coupables de cruautés à l'égard des indigènes ; de là les plaintes des missionnaires, gens par vocation charitables ; de là aussi l'embarras des autorités du Cap, qui d'un côté ne pouvaient empêcher les Boers de pourvoir à leur sûreté, ni, de l'autre, permettre que les lois coloniales fussent enfreintes par des rigueurs extra-légales dans les limites de leur juridiction.

Des difficultés de ce genre et d'autres circonstances qu'il n'est pas nécessaire de rapporter amenèrent, en 1848, l'exode des Boers de la province de Natal. Ces fiers descendants des Hollandais, montés sur leurs chariots avec leurs familles et poussant devant eux leurs troupeaux, passèrent le fleuve Vaal et furent planter leurs tentes dans les vastes contrées auxquelles leur situation géographique a fait donner le nom de *Transvaal*. A ce moment, elles étaient à peine peuplées, et, en se réfugiant dans ces solitudes, ils échapperaient plus aisément, pensaient-ils, à une domination détestée.

Le gouvernement anglais essaya alors d'un grand moyen pour mettre à couvert sa responsabilité future. Ce moyen, c'était de laisser aux Boers l'administration civile et politique des territoires qu'ils occupaient. Le Transvaal et la province d Orange furent reconnus indépendants. Cette politique était sage. De cette façon, la partie anglaise de la colonie du Sud africain devait se trouver séparée des territoires demeurés aux indigènes par un cordon d'Etats libres qui feraient l'office de tampons. Les Boers avaient des habitudes qui les rendaient très-propres au métier de chiens de garde; et comme ils ne devaient plus porter le collier du maître britannique, ils pourraient en user comme ils voudraient avec les Cafres, les Basutos, les Galekas et les Zoulous, sans que le ministère des colonies à Londres eût à répondre de leurs actes.

Nous passons sur les incidents qui remplirent la courte histoire des deux nouveaux États autonomes. Les choses allèrent passablement jusqu'à 1877. A cette époque, le Transvaal avait pour Président, depuis cinq ans, un homme bien intentionné sans doute, mais chimérique et téméraire, qui l'avait plongé dans des embarras financiers. Les Anglais s'étaient établis dans le Transvaal en grand nombre, et, en s'y créant des intérêts, avaient mis leur gouvernement dans le cas de les protéger. De plus, une guerre avec les indigènes avait éclaté, que les Boers, malgré tout leur courage, étaient impuissants à éteindre. Dans ces conjonctures, le gouvernement britannique pensa qu'il ne devait point « laisser brûler la maison du voisin, de crainte que le feu ne gagnât la sienne, » c'est-à-dire laisser les indigènes triompher des Boers dans le Transvaal, parce que leur exemple pourrait inciter ceux du Natal, et, qui sait? peut-être aussi ceux de la Cafrerie anglaise à la révolte. Sir Théophile Shepstone, commissaire anglais, se rendit donc à Prétoria, la capitale du Transvaal, escorté seulement de vingt-cinq hommes de police, tant le nom britannique a de prestige, et, le 12 avril 1877, proclama le retour du Transvaal à la Couronne. Le Président, M. Burgers, protesta pour la forme; mais, quelle que fût la haine des Boers contre les Anglais, il est permis de croire qu'ils ne furent point fâchés, au fond de leur âme, d'un événement qui promettait de rétablir leurs affaires.

Voilà comment l'Angleterre, qui depuis des années était la protectrice des tribus indigènes contre les Hollandais du Transvaal et de l'Etat libre d'Orange, qui jouissait parmi eux d'un grand prestige et avait l'honneur aux yeux du monde de contribuer à les civiliser sans leur faire violence, se trouve aujourd'hui avoir sur les bras une guerre qui ne finira qu'avec la mort de Cetewayo et du dernier de ses soldats. Cette guerre est un héritage, et un héritage qu'elle a été forcée d'accepter sans bénéfice d'inventaire.

Quel est l'avantage qu'elle en pourra tirer? Sera-t-elle payée du sang versé de ses enfants et des sacrifices imposés aux contribuables anglais? C'est ici que triomphent les anciens adversaires de la politique libérale de M. Gladstone et de son parti.

La politique coloniale de ce parti, politique honorable, mais parfois imprudente, consistait à doter les colonies les plus importantes de gouvernements constitutionnels et représentatifs. A première vue, l'idée était noble et généreuse; mais dans la pratique elle pouvait conduire à des résultats malheureux. Rien de mieux en Australie, où les Européens sont relativement en nombre; mais rien de plus inapplicable à la Jamaïque, où l'élément noir prédomine, et dans le Sud africain, où les Anglais sont aux Cafres dans la proportion d'un à trois. Que ces derniers jouissent de l'égalité civile, c'est fort bien. Dès 1825, les Hottentots y ont été admis, et l'heureux résultat de cette mesure a été de les fondre en moins de cinquante ans dans la race européenne. Si les Cafres étaient moins nombreux, leur fusion s'opérerait de même dans une période assez courte, et l'on pourrait voir quelque jour un premier ministre anglo-cafre, responsable envers un parlement anglo-cafre, administrer une république du Cap. Mais en l'état des choses, l'élément indigène étant de beaucoup prédominant, le gouvernement représentatif ne peut qu'être faussé par la nécessité d'annuler moralement le suffrage des hommes de couleur, si l'on ne veut point que la race inférieure gouverne et opprime la race supérieure.

Sir Philip Wodehouse, alors gouverneur de la colonie du Cap, essaya de représenter au ministère Gladstone que le pays n'était point pour l'heure apte au *self-government;* que les hommes de couleur y étaient en trop grande majorité et que, de plus, la population blanche était divisée entre Anglais et Hollandais, ennemis acharnés les uns des autres. Ses observations ne furent point écoutées. Le gouvernement anglais était à ce moment à cheval sur le principe, et le principe était que les colonies devaient votér leurs propres impôts, faire leurs propres dépenses, pourvoir à leur propre sûreté. Il remit en 1872 l'administration de la colonie du Cap à un ministère colonial, responsable envers un parlement colonial, et crut qu'il allait, au prix de ce désistement généreux, pouvoir retirer les troupes anglaises du Sud africain en n'y laissant qu'une garnison suffisante pour la protection de Simon's Bay.

L'événement prouva bientôt son erreur. D'abord le gouvernement du Cap se montra hostile au gouvernement de la mère-patrie; non que les colons aient oublié leurs anciennes attaches avec leur pays d'origine, mais parce que l'élément hollandais, qui fournit un appoint important au parlement colonial, n'a rien perdu de ses rancunes héréditaires; puis, les heureux habitants des ports, qui n'avaient, croyaient-ils, rien à craindre pour eux-mêmes des déprédations commises par les indigènes sur la frontière, se montrèrent peu disposés à remplir la condition du contrat, qui consistait à payer, dans les guerres, de leur personne et de leur argent. Comme le dit fort bien la *Quarterly Review*, tant qu'un régiment anglais restera sur les lieux (et il faudra toujours qu'il en reste pour la défense de la position maritime), ce sera lui qui, en cas de guerre, devra marcher. On n'eût pu, en effet, faire entendre au parlement du Cap que c'était à lui de fournir des hommes pour aller éteindre la guerre des Zoulous dans le Transvaal. Quoique le Transvaal servît de défense au territoire du Cap, quoique les intérêts des colons du Cap fussent engagés, le Transvaal était à l'Angleterre : c'était à l'Angleterre à réduire les indigènes, et les troupes anglaises, loin de pouvoir, comme on l'avait espéré, être retirées du Sud africain, durent recevoir des renforts.

Une circonstance imprévue était venue aggraver cette nécessité.

En 1869, un diamant avait été trouvé dans la main d'un enfant, fils d'un fermier de l'Etat libre d'Orange. Informations prises, on avait vu qu'il provenait d'un territoire situé au confluent de la rivière d'Orange et du fleuve Vaal. D'autres diamants avaient été découverts; la nouvelle s'en était répandue. Evidemment les Anglais allaient affluer sur les lieux, creuser des puits, faire des travaux ; et, comme toujours, la protection de leur gouvernement devrait les suivre.

On a dit que l'Angleterre, en s'emparant du Champ des Diamants, comme on appelle vulgairement le Griqualand occidental, avait fait acte d'avarice : cette accusation nous paraît gratuite. Qui ne sait que les mines, pas plus celles de diamants que celles d'argent et d'or, n'ont jamais enrichi la mère-patrie? Ce qui s'enrichit, c'est le pays où elles se trouvent, parce que la population s'accroît, et, avec elle, la consommation de toutes choses. Loin de chercher à s'annexer des territoires sans que la nécessité les y force, les Anglais font ce qu'ils peuvent pour se débarrasser de ceux qu'ils possèdent en instituant partout des gouvernements semi-autonomes. On dirait des pères de famille qui n'attendent, pour les établir, que la majorité de leurs enfants. En cette circonstance, ils n'avaient, croyons-nous, acheté (ou pris, comme on voudra) le Champ des Diamants que parce qu'eux seuls avaient la main assez ferme pour protéger ce territoire contre les agressions des indigènes, maintenir l'ordre dans la population aventureuse qui allait s'y former, empêcher des scènes odieuses et sanglantes. La preuve qu'ils ne convoitaient guère ce domaine, c'est qu'ils ont offert de l'annexer à la colonie du Cap, qui s'y est refusée.

C'est à la découverte de ces malheureuses mines du Griqualand que sont dues, en réalité, les déplorables effusions de sang qui ont lieu aujourd'hui. Jamais l'image de la boîte de Pandore ne s'appliqua mieux qu'au funeste diamant que tenait, en 1869, la main d'un petit enfant.

En effet, le premier besoin qui se fait sentir dans l'exploitation des mines, c'est celui d'ouvriers indigènes, les Européens pouvant difficilement supporter d'aussi rudes travaux. Ce n'étaient point les Cafres déjà civilisés dans la colonie, accoutumés au service doux de l'intérieur des maisons anglaises, qui pouvaient s'offrir dans le Champ des Diamants. Ces Cafres-là, en vivant mêlés aux Européens, ont acquis quelque chose de leur délicatesse. On dut donc faire appel à ceux des tribus, sans acception de nationalités ni de familles. Mais les Africains des tribus sont soumis à leurs chefs et ne peuvent s'absenter sans leur permission ; or, la permission de venir travailler aux mines ne fut donnée qu'à la condition de rapporter des fusils. Posséder des armes à feu est, on le conçoit, la grande ambition des sauvages. Sous la domination anglaise, le commerce avec les indigènes en avait été prohibé ; mais, par malheur, les autorités coloniales du Cap, affranchies de tutelle, se firent avec une coupable imprévoyance les pourvoyeurs des indigènes. Le port Elisabeth tirait de l'introduction des armes une bonne part de son revenu ; les négociants du Cap, un de leurs meilleurs profits. Ils n'en pressentaient pas les funestes conséquences. Pendant plusieurs années des milliers et des milliers de Cafres de l'intérieur et de Zoulous vinrent travailler aux mines, dit la *Quarterly Review*, pour s'en retourner au bout de quelques mois, un fusil sur l'épaule et un sac de poudre au côté. De nouveaux relais de ces demi-sauvages se succédaient sans cesse; et pendant ce temps M. Southey, le gouverneur anglais du district de Griqualand, entretenait avec eux les plus bienveillants rapports, se posait comme leur protecteur contre les Boers et laissait aller les choses avec une confiance digne d'un meilleur résultat.

Et voilà comment, lorsque, quatre ans après, le Transvaal fut annexé et l'Angleterre substituée à la république déchue dans sa guerre contre les Zoulous, ceux-ci se trouvèrent armés d'une façon redoutable et purent infliger un échec sérieux aux régiments britanniques.

Nous avions donc raison de dire en commençant que la nécessité pénible où se trouve aujourd'hui l'Angleterre de verser son sang dans une guerre dont elle ne peut tirer ni avantage ni gloire et d'exterminer une tribu courageuse qu'elle s'était jusqu'ici piquée de protéger, découle de deux causes : la générosité avec laquelle

elle a donné la liberté aux colonies; l'instinct indomptable qui pousse les Anglais, en tant que sujets isolés, à marcher en avant, à s'établir partout où ils trouvent des contrées habitables, forçant ainsi leur gouvernement à s'ingérer dans toutes les affaires du monde. Nous croyons volontiers qu'ainsi que le dit M. Trollope, il n'y a point de perspective moins souriante pour un ministre des colonies anglais que celle d'une acquisition coloniale nouvelle; mais comment y échapper? Faut-il qu'il dise, pour s'épargner des « affaires, » ce que disait M. Guizot aux Français qui allaient s'établir dans l'Amérique du Sud : « Vous savez à quels risques vous vous exposez; c'est volontairement que vous les encourez; ne comptez pas sur nous? » Ce n'est point avec cette politique que l'on devient ce qu'est aujourd'hui l'Angleterre, la première nation commerçante et colonisatrice du monde. Il faut donc, pour emprunter une comparaison à M. Trollope, que le ministre des colonies anglais étende de plus en plus ses ailes comme une poule à laquelle on veut toujours donner de nouveaux œufs à couver, sauf à espérer que bientôt ses poussins pourront voler d'eux-mêmes et la délivrer de tant de soins.

Dans la nécessité fâcheuse où il se trouve de faire aux indigènes du Sud africain une guerre qui rappelle les vieilles guerres des Cafres, le ministère anglais a du moins l'avantage d'être appuyé par tous les partis. Le patriotisme fait taire en ce moment les dissentiments politiques. Mais avec la victoire ces dissentiments renaîtront. Les uns voudront que l'on oblige la colonie du Cap à se charger des territoires limitrophes; les autres, qu'on lui retire ses franchises; beaucoup proposeront une confédération formée de la colonie libre du Cap, des colonies du Natal et du Transvaal, actuellement soumises à la Couronne, du Griqualand occidental et de l'Etat libre d'Orange; un grand nombre — ceux-là, les chauvins et les ultra-tories — demanderont que l'on fasse flotter le drapeau britannique sur tout le sud de l'Afrique; tous seront unanimes à reprocher au gouvernement les moyens qu'il aura pris pour vaincre, les rigueurs dont il sera forcé d'user; et les Sociétés philanthropiques interviendront pour lui susciter des embarras semblables à ceux que lui a causés, il y a quatre ou cinq ans, dans le Parlement l'affaire du Zoulou Langalibalèlo.

Ces difficultés nous touchent peu; c'est affaire

à nos voisins. Ce qui nous intéresse, c'est le résultat général de cette guerre pour l'avancement de la civilisation du Sud africain. Nous pensons que ce résultat sera heureux ; quand ils auront réduit Cetewayo, les Anglais réduiront Sekokuni, et quand ces deux chefs belliqueux auront perdu la liberté ou la vie, le sentiment de la nationalité s'affaiblira chez leurs peuples. Tous les sauvages sont fatalistes, et l'idée, chez eux, ne tient pas contre le fait.

II

A partir du moment où l'amour de l'indépendance et de la patrie commencera à s'éteindre chez les Zoulous et leurs frères noirs depuis la frontière du Natal jusqu'au fleuve Zambèse, comme il s'est éteint chez les Cafres de la côte, le Sud africain entrera dans les voies heureuses de l'assimilation des races et du progrès collectif. Les Zoulous, pris individuellement, ne sont, dit-on, nullement rebelles à la civilisation. S'il faut en croire les observations de M. Anthony Trollope, ils sont par nature infiniment supérieurs aux noirs qui peuplent le centre et le versant ouest de l'Afrique. Nous admettons même ce fait *a priori*, puisque le climat du Cap est un climat tempéré. On est surpris des progrès qu'ont faits, en quelques années, ces tribus chez lesquelles, en 1868, le cannibalisme n'avait pas encore entièrement disparu. Sans doute les Zoulous indépendants, enrégimentés sous leurs chefs, ont gardé les mœurs sauvages qu'un brutal despotisme engendre et conserve; Cetewayo use largement du droit de mort qu'il s'attribue sur ses sujets, et ses sujets ne sont pas moins cruels que lui. Mais les Zoulous qui vivent avec les blancs dans le Natal, où ils forment le fond de la population laborieuse des campagnes, goûtent vite les avantages de la vie civilisée. Les fermiers se plaignent de leur paresse et de leur inconstance : nous croyons volontiers que des gens qui ont aussi peu de besoins travaillent indolemment, et, quant à l'inconstance, elle est toute naturelle de la part d'hommes qui ont leur patrie de l'autre côté de la frontière. Mais que le goût du confort leur vienne, qu'ils soient petits propriétaires, et ils deviendront sédentaires et travailleurs. Déjà ils sentent la douceur de vivre sous la protection des lois anglaises. « Ici, disent-ils, nous pouvons dormir les deux yeux fermés, tandis que dans le Zoulouland nous sommes obligés d'avoir toujours un œil ouvert et de nous tenir prêts à la fuite ; ici, nous mangeons tous les jours, tandis que chez nous la famine alterne avec l'abondance ; ici, on nous donne des gages si nous voulons en gagner ; ici enfin, une grande reine défend que l'on nous tue ailleurs qu'à la guerre, et elle ne nous prend pas, comme le font nos rois, les troupeaux que nous nourrissons. Si nous possédons un coin de terre, ce coin de terre est à nous, et les chercheurs de sorciers (des *détectives* de nouvelle espèce) ne viennent pas, sous prétexte de sorcellerie de notre part, nous chasser de nos maisons. »

Comme domestique (et presque tous les domestiques de Pieter Maritzburg, capitale du Natal, sont des Zoulous), on ne reproche guère à ces indigènes que de changer à tout moment de maîtres ; mais on rend généralement justice à leur douceur et à leur probité. Ils aiment et soignent bien les enfants ; s'ils n'exhalaient pas une odeur plus infecte encore que celle de tous les autres noirs, ils ne seraient point, paraît-il, des serviteurs désagréables. M. Trollope fait d'eux un très-pittoresque croquis.

« Les Zoulous, tels que je les ai vus à Maritzburg, sont un peuple original et d'une tournure pittoresque. Les Cafres des villes sont vêtus de haillons ; les Zoulous portent des haillons aussi, mais ils les portent avec plus de grâce. On dirait qu'ils les considèrent comme des ornements. Ils s'en parent ; ils en sont fiers ; plus ces haillons sont déchiquetés, plus ils leur paraissent agréables : décidément, le Zoulou est artiste. L'un s'en va dans les rues, en se redressant, avec un vieil habit rouge de soldat anglais, mais rien autre chose, si ce n'est un tout petit caleçon faisant l'office de la feuille de vigne ; un autre a seulement un pantalon avec une chemise de flanelle pendant par-dessus ; un costume fort répandu, c'est un sac en toile renversé, au fond duquel on a fait un trou pour passer la tête et deux trous pour passer les bras. Les vieux habits gris, ornés de boutons de métal, sont très-demandés et portés avec une dignité particulière. Une simple chemise criblée de tant de trous que les lambeaux s'en séparent, suffit au vêtement et au bonheur d'un jeune domestique zoulou. Accoutumé que vous êtes vous-même à le voir en cet état, vous l'admettez dans votre appartement avec la même facilité qu'ailleurs un laquais poudré. Les ornements proprement dits ont aux yeux du Zoulou plus d'importance que le costume. Et cela lui sied si bien! Des boucles d'oreilles, des bracelets, des chaînes, des épingles à cheveux, et quelles épingles! de vraies épées! Et quelles boucles d'oreilles! des objets de toute sorte, si lourds et si volumineux qu'on dirait que ses oreilles lui ont été données pour porter des fardeaux! Avec leurs cheveux crépus, les Zoulous se construisent des édifices sur la tête plus élégants que ceux de nos coiffeurs. Ils adorent les guirlandes : j'ai vu un homme qui roulait une brouette avec une couronne de feuillages. Les vieux chapeaux défoncés, si laids sur nos fronts, deviennent charmants sur les leurs. Tout leur est propre et tout leur va bien. Avec cela, ils sont assez soigneux de leurs personnes, c'est-à-dire qu'ils se lavent et se parfument à leur manière. »

Comme tous les sauvages, les Zoulous sont à la fois féroces et doux : féroces quand ils sont maîtres, doux quand ils sont dominés. On laisse ordinairement la *zagaie* — la lance — à ceux qui sont employés dans les campagnes, tant on compte sur leur soumission. Ils ont des amis parmi les Anglais, non-seulement au sein des Sociétés philanthropiques de Londres, mais aussi dans la colonie. M. Trollope raconte, pour preuve de l'intérêt que certaines personnes bienveillantes leur portent et aussi pour montrer l'aptitude de ce peuple au progrès, une conversation qu'il eut à Maritzburg avec une demoiselle anglaise.

« Quand j'étais à Maritzburg, dit-il, une jeune personne qui faisait les honneurs de la maison de son père m'entretint de l'intérêt qu'elle portait à la race indigène, et, pour justifier cet intérêt, elle me montra un journal écrit en langue zouloue par un Zoulou du Natal qui avait fait le voyage du Zoulouland pour aller voir Cetewayo. La jeune dame, qui possédait la langue indigène comme la sienne propre, me le traduisit couramment. Le voyageur non-seulement était revenu sain et sauf de sa patrie d'origine, mais il faisait un récit pompeux de la magnanimité du roi. Que le journal fût parfaitement fait au point de vue littéraire, écrit d'une belle écriture de la main de ce Zoulou lettré, qu'il contînt un récit circonstancié aussi intéressant que ceux qui sont donnés par les journaux de Londres, c'est ce dont je puis rendre témoignage. Que tout y fût vrai, j'en suis moins certain. Je crois bien que le gros des habitants de Maritzburg n'y eût pas ajouté foi. Pour moi, j'en crus une partie, faisant seulement quelques réserves sur des points de détail, au grand déplaisir de ma belle lectrice. Comme l'auteur du journal était présent, je dus attendre qu'il fût sorti pour exprimer mes doutes, car il savait parfaitement l'anglais.

— Ce récit un peu romanesque, dis-je, n'aurait-il pas été, mademoiselle, arrangé pour vous et M. votre père?

— Elle m'assura que non; que l'auteur avait peut-être des propensions un peu poétiques, mais qu'il était parfaitement sincère.

Quand il fut rentré, elle le questionna sur mille choses relatives à son voyage, auxquelles il répondit pertinemment. »

On voit par cet exemple ce que pourra devenir un jour cette race aujourd'hui sauvage et hier encore anthropophage. Le chemin de la civilisation, pour elle comme pour bien d'autres, c'est évidemment la défaite. Qu'elle soit délivrée de ses tyrans sanguinaires, soumise à la loi anglaise, et elle achèvera de peupler le territoire du Transwal, et elle s'élèvera dans l'échelle de l'humanité et du bien-être. Malheureusement, l'imprévoyance avec laquelle on lui a fourni des armes depuis 1872, croyant qu'elle ne s'en servirait jamais que contre les Boers, a mis Cetewayo en état de soutenir longtemps la guerre. Bien du sang anglais et du sang africain a déjà coulé qui eût été épargné si les deux nations européennes qui ont peuplé le Cap ne donnaient pas le spectacle de divisions déplorables, si l'intérêt commercial des marchands de la colonie n'avait pas prévalu sur les anciens règlements en matière d'importation d'armes à feu, et si l'on n'eût eu le malheur de découvrir un gisement diamantifère à l'exploitation duquel on a sacrifié les règles de la prudence. Aujourd'hui les mines de Kimberley, quoique exploitées d'une autre manière, présentent le même spectacle affligeant que celles du Potosi. C'est un grand puits à ciel ouvert, creusé en forme de coupe, échafaudé jusqu'à une profondeur de soixante-quinze mètres, où descendent quotidiennement quatre mille fourmis humaines et sur les bords duquel attendent les maîtres mineurs, passant au crible, pendant des semaines, des mois, des années, la terre qu'on leur apporte, dans l'espoir d'y trouver des diamants : triste travail qui n'a d'autre attrait que celui d'une loterie et qui, pour quelques-uns qu'il enrichit, en désespère un grand nombre.

LES ROIS DU ZOULOULAND.

La guerre du Zoulouland, qui a pris une place si inattendue dans l'histoire de France, s'est terminée le 28 août de cette année, jour où le roi Cetewayo a été fait prisonnier par le major Richard Marter à la tête d'un détachement de dragons de la garde.

Le royaume des enfants de Zoulou a donc vécu, et les guerriers tenaces commandés par Serocoeni, qui sont encore en arme au nord-ouest, acculés aux montagnes et au fleuve des Crocodiles, ne relèveront pas le trône écroulé de Chaka.

Ils nous a paru intéressant de rechercher les commencements de cet État lointain, qui fut d'une étendue presque égale à celle de notre pays et que nos voisins vont coloniser avec toute l'aptitude qui les distingue. Nous offrons au lecteur les résultats de nos recherches, sous la forme d'un précis historique des événements survenus pendant les divers règnes des prédécesseurs de Cetewayo, et qui ont préparé sa catastrophe, dès l'origine de la dynastie qui vient de finir en sa personne.

Avant le commencement de ce siècle, une petite peuplade, dont le nom primitif ne s'est pas même conservé, habitait près des rives du Tugela. Son chef élu était Senzagakomo.

On ignore quelles furent ses qualités comme souverain, mais il n'a pas laissé la réputation d'un père de famille des plus commodes. Dans un moment où il avait peut-être trop bu de *jaalla* (bière), il mit un de ses fils mineurs à la porte de son kraal avec sa mère. Les deux proscrits, après avoir longtemps erré, trouvèrent enfin un asile chez les Umtetvas qui avaient pour roi Dingiswayo.

Les Umtetvas étant plus puissants et plus nombreux que les sujets de Senzagakomo, celui-ci put prévoir des complications contre lesquelles il chercha à se prémunir, au moyen d'alliances avec ses voisins. Ils firent la sourde oreille, et le chef ne tarda pas à se repentir de sa promptitude à chasser les gens.

Dingiswayo, charmé des dispositions qu'il découvrait chaque jour dans le jeune fugitif, l'adopta pour son fils. C'était Chaka, le futur premier roi du Zoulouland.

Grâce à l'appui du roi des Umtetvas, Chaka devint bientôt le chef de la peuplade paternelle, sans que l'histoire du Zoulouland, toute de traditions, prenne la peine de s'occuper de ce que devint Senzagakomo. On peut supposer, sans porter un jugement téméraire, le caractère de Chaka étant connu, que ce prince ne mourut pas dans son lit, si toutefois il en possédait un.

Cependant Dingiswayo n'avait pas d'héritier naturel. Batailleur comme personne, il fut facilement entraîné par son protégé à chercher querelle à une tribu voisine, et périt on ne sait trop comment, au milieu d'un combat dont Chaka sortit vainqueur et roi des Amazoulous, nom qu'il donna à ses peuples en souvenir de Zoulou, l'un de ses ancêtres.

Il s'occupa alors pendant quelques années de discipliner ses guerriers et de les organiser pour les luttes qu'il rêvait. C'est avec étonnement que l'on vit ce barbare retrouver la phalange macédonienne, avec ses flancs couverts par des divisions avancées, et établir une tactique nouvelle qui consistait à s'attaquer directement au corps de l'adversaire avec la courte sagaie, au lieu de lancer de loin un long javelot qui produisait peu d'impression.

Un code militaire fut promulgué. Il ne contenait qu'un seul article :

Quiconque perdra son bouclier, ou montrera une blessure dans le dos, sera mis à mort.

Son code et ses soldats tous prêts, Chaka se mit à l'œuvre avec audace et rapidité, et, en 1824, il était maître d'un royaume dont les frontières s'étendaient du fleuve Saint-John jusqu'à la baie Delayoa. Toutes les tribus étaient réduites en esclavage, réunies à sa propre nation ou dispersées.

En 1823, le lieutenant Farewel, de la marine anglaise, au cours d'un voyage d'exploration, avait visité la baie de Lucie et Natal. Le pays lui plut tellement, qu'à son retour au Cap il résolut d'y fonder une colonie. Fynn, autre officier au service de S. M. britannique, fut chargé de donner suite à l'idée de Farewel. Il se rendit à Natal, ou Chaka était à l'apogée de sa puissance, et noua avec le roi du Zoulouland des relations à la suite desquelles le rusé monarque, joué à son tour, permit un établissement provisoire des Anglais dans ses possessions. La ville de Durban fut alors fondée dans la baie de ce nom.

Fynn, se laissant traiter en vassal pour arriver à son but, reçut du roi Zoulou le titre de chef des blancs. Il faillit ne pas jouir longtemps de sa nouvelle dignité.

Dingaan, frère de Chaka, voulant probablement venger son père tout en satisfaisant son ambition, le fit assassiner, en 1828, par un de ses capitaines, pendant qu'il causait avec quelques amis dans son kraal; puis, dans l'intérêt de sa sécurité, à peine en possession du pouvoir, il massacra par trahison les plus fidèles serviteurs de Chaka.

Au milieu de tout ce sang, il sembla avoir une vision de l'avenir et prit la résolution de se défaire des blancs. Fynn et les colons de sa baie de Natal furent mandés à celle de Zoulous, pour prendre part aux fêtes de l'avénement du nouveau roi.

Les Européens, pressentant le piége, s'enfuirent par le fleuve Umzinkulustrom, serrés de près par les Zoulous.

Ils eurent le bonheur de ne perdre que leurs troupeaux, qui furent massacrés faute de mieux par leurs ennemis. Un autre peuple se serait découragé. L'Angleterre voulait à tout prix Natal, ce jardin de l'Afrique sud-est. Les moyens par lesquels les relations entre Dingaan et le Cap furent rétablies plus cordiales que jamais, sont inconnus ; mais dès 1831 les blancs furent rappelés, et Fynn, cette fois, devint *grand chef* de tous les Cafres résidant à Natal ; le *jardin* était en pleine voie de changer de propriétaire.

Sous le capitaine Gardiner, qui remplaça Fynn, les rapports devinrent tellement amicaux et la vision qu'avait eue Dingaan fut si bien oubliée, que les Zoulous, réfugiés pour diverses causes dans l'état naissant de Natal, se virent l'objet d'une amnistie. Elle devait coûter cher au roi, qui l'avait octroyée à la requête de ses nouveaux amis. Il introduisait parmi ses sujets d'ardents fauteurs de divisions.

Les Boers, colons hollandais émigrés du Cap, à la suite de mesures politiques de l'Angleterre, prises au détriment de leurs intérêts, traversèrent, conduits par Uys et Maritz, les Reenanspass et les Beerspass, défilés des monts Braken ou Kalambas, cherchant un territoire pour s'y établir.

Les colons anglais de la baie de Natal accueillirent à bras ouverts ces nouveaux venus, chassés par les Anglais du Cap. C'étaient des Européens, par conséquent des alliés tout trouvés contre les Zoulous.

Dingaan se réveilla. Il accorda des terres à Pieter Retief, compagnon des deux chefs boers et fondateur conjointement avec Maritz, de Pieter-Maritzbourg près de l'Umsindusi, à la condition qu'il ramènerait des troupeaux qu'un chef de bandits, Makatee, avait dérobés.

Retief livra au roi du Zoulouland les bœufs et les chevaux qu'il réussit à reprendre à un certain Sikougella ; mais soixante-dix de ses hommes et lui furent massacrés par des guerriers en embuscade, au moment où désarmés ils buvaient le jaalla avec le roi en prenant congé de lui.

Après cette trahison, Dingaan, jetant le masque, se rua avec ses hordes sur l'état de Natal, saccageant tout et tuant les Boers qui lui tombèrent sous la main, jusqu'à ce que, s'étant avancé vers le sud, il fut repoussé par les Hollandais qu'il trouva concentrés, sur leurs gardes, et abrités par des barricades de voitures.

Les Anglais de la baie, qui jusque-là s'étaient

contentés de regarder s'entr'égorger les adversaires, voulurent faire quelque chose pour leurs alliés les Boers, sans néanmoins s'engager trop avant. Sept cents indigènes, recrutés parmi les réfugiés et commandés par des chefs blancs, franchirent le Tugela. Cette force dérisoire n'était pas faite pour intimider Dingaan. Les auxiliaires des Hollandais se laissèrent surprendre et n'eurent pas la satisfaction de se retirer en bon ordre. A peine quelques-uns purent-ils se sauver à bord d'un vaisseau qui se trouva à l'ancre près du lieu du massacre.

De nouveaux Boers franchissaient les défilés des monts Braken. Joints à ceux de leurs compatriotes qui avaient rendu vaine l'attaque des Zoulous, ils marchèrent sur Umgungunhlova, principal kraal du roi. Ecrasés par des forces supérieures, les assaillants restèrent presque tous sur le champ de bataille.

Après cet échec, les deux partis s'observèrent quelque temps dans un état de trève tacite, tous deux armant : les Boers recevant en outre peu à peu des renforts par les montagnes; les Anglais, redevenus spectateurs indifférents, vendaient de la poudre et des fusils, aux Zoulous comme aux Hollandais.

C'est par suite de ce système constamment pratiqué, même lorsque l'Angleterre domina seule à Natal, que des régiments entiers d'indigènes se trouvèrent armés de fusils modernes et de carabines, et que, dès 1870, ils avaient entre les mains la carabine Enfield qui venait à peine d'être mise au service dans l'armée anglaise.

En août 1838, Dingaan tenta subitement une nouvelle surprise contre les colons et échoua. Au mois de décembre, les Boers, à leur tour, prenant l'offensive, lui livrèrent un combat sanglant près de l'Umchlaten. On dit qu'ils n'étaient que quatre cent soixante contre douze mille Zoulous et que ces derniers laissèrent trois mille morts sur le carreau. Il est indubitable que l'on oublie à côté du chiffre des Boers celui des alliés indigènes qui se montrent au cours des guerres du Zoulouland avec tous les envahisseurs de leur pays. Chaka était mort trop tôt pour avoir eu le temps d'unifier tant de tribus diverses vaincues, mais se souvenant et circonvenues par mille intrigues.

Quoi qu'il en soit, Dingaan erra fugitif dans les bois, comme naguère Cetewayo, et les Boers victorieux repassèrent le Tugela, chassant devant eux de nombreux troupeaux.

Les Anglais avaient donné asile à Natal à un mécontent, frère cadet de Dingaan, du nom de Panda. Il se mit en avant pour profiter des circonstances et faire valoir ses prétentions au trône du Zoulouland. Les Boers, sollicités par lui, épousèrent sa cause avec chaleur, et réunis, au nombre de quatre cent, à quatre mille partisans du prétendant, envahirent encore une fois ce malheureux pays. A peine remis de son désastre, Dingaan n'en tenta pas moins le sort des armes. Vaincu, il tomba, en fuyant entre les mains d'un parti ennemi et fut tué.

L'Etat anglais de Natal grandissait au milieu de toutes ces luttes, et les Amakosas, les Amatimbu, les Amahwah et les Hambonas, soumis par Chaka, recevaient de nouvelles lois.

Panda, devenu en 1840 roi des Zoulous, habitant en dehors de cet état, paya les Boers du service qu'ils lui avaient rendu et délivra de leur présence le Zoulouland ruiné, au moyen de 36,000 bœufs fournis par ses sujets, comme don de joyeux avénement.

L'épuisement du pays, plus encore que les goûts pacifiques du nouveau monarque, ouvrit pour le Zoulouland une ère de tranquillité qui semblait devoir permettre aux indigènes de se remettre de tant de combats. Une terrible maladie vint, en 1855, moissonner tellement leurs troupeaux que le vieux roi n'eut plus un seul bœuf à égorger, et qu'il dut donner à un certain John Dun, outre le titre de *chasseur du roi*, le beau territoire d'Inthuensi pour se procurer des buffles sur les bords de l'Umvolasi et de l'Umchlaton.

Des malheurs plus sensibles allaient le frapper, et la satisfaction qu'il avait eue, d'assister impassible à l'expulsion des Boers de l'Etat de Natal, devait être la seule de son règne.

Le souffle de discorde qui avait toujours poussé les uns contre les autres, les membres de la famille des souverains du Zoulouland, n'épargna pas celle de Panda.

Ses deux fils Umbolazi et Cetewayo, après de vains efforts de sa part pour les réconcilier, se livrèrent, en décembre 1856, une bataille acharnée. Le Tugela engloutit dans ses flots Umbolazi, cinq de ses frères et des milliers de leurs partisans. Panda fut obligé de partager le pouvoir avec le vainqueur, qui resta seul roi, en 1872, après la mort de son père.

Plus capable peut-être encore que Chaka, Cetewayo, après avoir frappé des coups terribles et lutté en bataille rangée contre les meilleurs soldats de la vieille Angleterre, a enfin succombé comme Dingaan par la perfidie d'indignes fils de Zoulou, ligués avec les étrangers.

Le royaume du Zoulouland, fondé par Chaka en 1817, n'a pas duré soixante deux ans.

FIN.

TABLE

—

FIN DE LA TABLE.

Limoges. — Impr. EUGÈNE ARDANT et Cie.

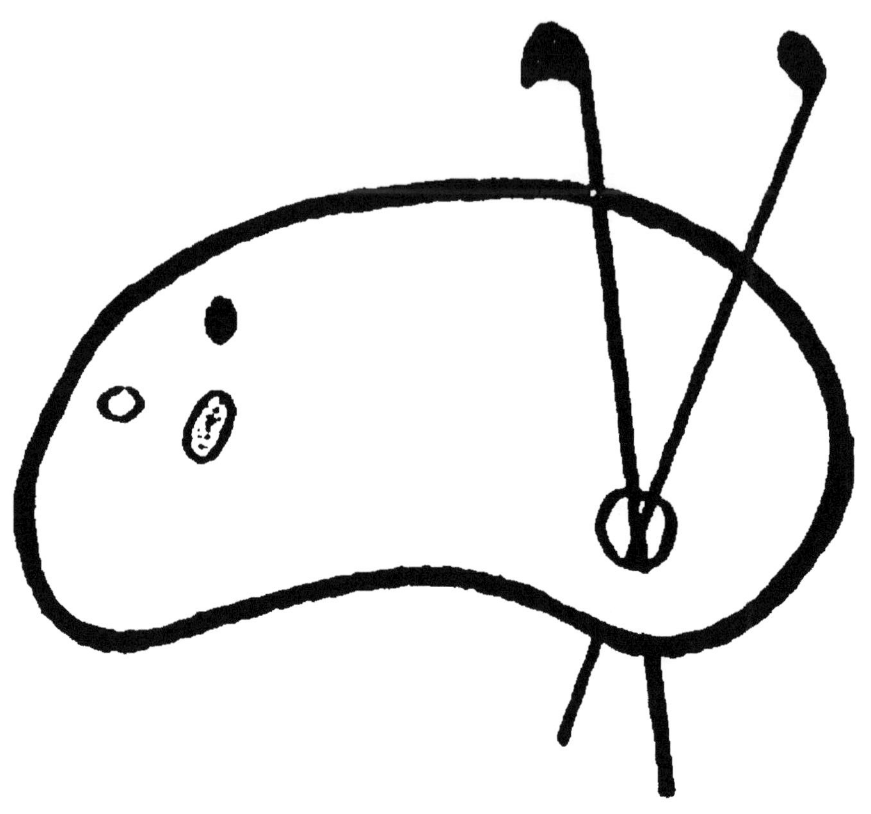

ORIGINAL EN COULEUR
NF Z 43-120-8

www.ingramcontent.com/pod-product-compliance
Ingram Content Group UK Ltd.
Pitfield, Milton Keynes, MK11 3LW, UK
UKHW020346230726
13925UKWH00003B/994

9 782013 380843